钢结构建筑轻质环保围护墙体系设计与施工

李佩勋　陈福林　侯兆新　曾昭波　编著

中国建筑工业出版社

图书在版编目(CIP)数据

钢结构建筑轻质环保围护墙体系设计与施工/李佩勋等编
著. —北京:中国建筑工业出版社,2012.7
ISBN 978-7-112-14214-9

Ⅰ.①钢…　Ⅱ.①李…　Ⅲ.①轻型钢结构-围墙-建筑设计②轻
型钢结构-围墙-工程施工　Ⅳ.①TU227

中国版本图书馆 CIP 数据核字(2012)第 062283 号

本书重点介绍了在新加坡环球影城项目中研制的钢结构建筑轻质环保围护墙体系
的设计与施工,并涉及工程施工优化的方法、技术和优化策略,详细描述了该体系的设
计与安装技术、质量控制方法,以及洞口设计和加固技术,并提供了蒸压轻质混凝土墙
板的横板、竖板和大板预拼装设计,以及蒸压轻质混凝土墙板隔声、节能构造的设计
图。本书是钢结构轻质外墙设计和施工的实用参考资料,图文并茂,可作为建筑企业技
术和管理人员的工作指导用书。

责任编辑:曾　威
责任设计:李志立
责任校对:党　蕾　赵　颖

钢结构建筑轻质环保围护墙体系设计与施工
李佩勋　陈福林　侯兆新　曾昭波　编著
*
中国建筑工业出版社出版、发行(北京西郊百万庄)
各地新华书店、建筑书店经销
北京科地亚盟排版公司制版
北京同文印刷有限责任公司印刷
*
开本:787×1092毫米　1/16　印张:15½　字数:380千字
2012年11月第一版　2012年11月第一次印刷
定价:**36.00**元
ISBN 978-7-112-14214-9
(22277)

前　　言

　　新加坡环球影城是继美国好莱坞、奥兰多和日本大阪后的世界上第四个，也是东南亚唯一的一个环球影城主题公园。它汲取了前三个环球影城的精华，又独具特色。园区内包括梦幻世界、失落世界、古埃及城、科幻城、纽约街、好莱坞六大观景区和一个人工湖，内设 24 个游乐设施和景点，其中有 18 个是专门为新加坡设计或修改的，园区内还包括 30 家不同风味的餐饮设施和 21 家零售店及摊位，总造价超过 10 亿美元，是一处世界级的综合旅游胜地。

　　新加坡环球影城是中国冶金科工股份有限公司，也是中国建筑企业在海外承建的第一个大型综合娱乐项目，由其下属的中国京冶工程技术有限公司和中冶天工集团有限公司两家子公司联合承建。全体管理人员和数千名工人夜以继日地工作，克服了重重困难，精心组织、大胆创新，仅用 18 个月便完成了工程建设，创造了环球影城建设史上的奇迹。

　　作为拥有美国自主知识产权的世界顶级主题公园，环球影城在设计理念、景点特色、工艺要求、质量标准、施工管理和技术等诸多方面均独具特色。

　　新加坡环球影城能在短短的 18 个月内完成，离不开管理创新和技术创新：依托承包商先进的设计和施工技术实力，开展工程施工材料优化、设计优化、施工优化，采用绿色材料，缩短工期，降低成本。整个工程施工完全是一个工程施工优化的实践过程。

　　在这众多的技术创新当中，多功能轻质复合墙板可以说是最大的亮点。正是借助多功能轻质复合墙板的设计、施工技术的成功研制与应用，才能成功地加速生产和施工，为新加坡环球影城能在短短的 18 个月内竣工扫除了施工关键路线上的障碍，同时为总承包商赢得了良好的声誉。

　　一个优秀的总承包商不仅仅是一个建造商，他首先必须是一个具有强大技术实力的建造团队；他必须和开发商、咨询公司紧密地组成一个团队，成为团队中的一员，发挥其主观能动性，善于和开展商、咨询公司协调解决各种技术问题，利用自身的技术实力开展优化设计。

　　总承包商开展优化设计的目的主要是为了方便施工，缩短工期，节省成本，提高施工质量。作为总承包技术人员必须抓住设计要点，善于发现问题，列出设计关键技术路径和工期、质量、成本关键路径，并使用优化关键路径法分析优化的技术难点、实施难点，制定相应的技术措施；利用价值工程理论分析评判优化设计，确定优化目标，开展优化。

　　工程施工优化是一个复杂的技术管理，并不是一种纯技术设计或引进与采用新技术问题。在工程施工过程中，任何一种改变，都是对原设计的否定，在某种程度上是对咨询公司的否定。不言而喻，这种优化改变会带来一定的阻力。工程施工优化同时还必须获得咨询公司的批准，某些优化设计还须获得当地政府的批准，并满足当地所使用的规范要求。优化改变需要知识，更需要时间，任何一种优化设计，不管有多么好，或可以节省多大的成本，提高多少质量，如不能在有效的时间内完成，它都将是空谈，都难以付诸实施，所以说，工程施工优化具有时效性，这就是工程施工优化的特点。要保证成功实施工程施工优化，必须具有先进的技术、合理的优化工具、良好的优化策略和优化管理措施。

在施工阶段的优化设计通常都是以总承包商为主，咨询公司为辅，咨询公司处于被动地位，有时甚至给予阻力，总承包技术人员必须善于说服咨询公司，有时甚至要善于借助于业主的力量。

新加坡环球影城工程的工期紧、场地紧、交通紧，这是主要矛盾，我们开展优化设计主要是为了节省工期、方便施工。但节省工期、方便施工，并不等于牺牲成本和施工质量，必须制定设计关键技术路径，工期、质量、成本关键路径，列出问题和措施，就能在众多的矛盾中找出平衡点，达到优化的目的，节省成本，取得良好的经济效益和社会效益。

开展施工优化，其技术人员必须具有良好的技术素质、广博的知识面，而且要有施工经验，能有效地说服咨询公司，才能有效开展施工阶段的优化设计。

在设计和施工中，我们紧抓设计不放，组织攻关小组，攻克了一个又一个难题。主要难题有：

（1）预制混凝土板接缝的防水和隔声、隔热问题难以克服。

（2）设计问题很多，设计和审批过程非常长，严重影响了混凝土预制板的生产。

（3）混凝土预制板生产速度不能满足施工需求，两个预制厂同时开工，也不能满足施工进度要求。

（4）一个不可逾越的设计问题是，结构咨询工程师在设计钢结构时没有考虑由于环球影城的复杂性，在室内外都有大量的电器设备、管道、广告牌、外观装饰、维修猫道、吊顶、金属屋面和绿色屋面等一些特别的结构和设备荷载需要传到建筑物钢结构上，导致设计承载能力不足，有多处需减低荷载，影响了建筑设计和主题公园的艺术功能。

（5）由于混凝土预制板较重，必须使用50t以上的起重机来吊装，场地将会制约外墙板的安装进度，其余8个建筑物，除4D影院有部分场地可供外墙板吊装外，其余建筑物都不能提供足够的施工场地供外墙板吊装，甚至没有合适的地方停放起重机，尤其是激流涌进2、好莱坞剧院和音乐厅紧靠轻轨列车，起重机使用受到严格限制，其安全申请手续非常费时、费力，要想按时安装混凝土预制板是不可能的。

（6）加快设计进度、减低外墙重量、提高外墙板的生产能力、加速安装外墙板施工进度变成当务之急。

在本外墙体系的研制过程中，提出了一种全面、独特的工程施工关键路线优化法，研究并优化了新加坡环球影城的外墙材料，采用中国制造的绿色环保轻质加气混凝土板代替预制混凝土外墙板。在外墙材料的变换中，把关键路线中的关键活动变换成非关键活动，成功实施了对新加坡环球影城外墙的优化，自行完成了外墙的设计和安装。研究了预拼装大板的设计和施工技术，成功地使用独创的优化技术解决了轻质加气混凝土板在低频区隔声效果较差的弱点，研究设计了复合墙板。

在新加坡环球影城外墙板的优化过程中，我们成功地使用工程施工关键活动和关键路线，找出预制混凝土外墙设计、生产和安装中所存在的问题，分析拟定新的外墙材料，分析研究了蒸压轻质加气混凝土板的采购、生产、安装的关键活动路线，比较预制混凝土外墙板和蒸压轻质加气混凝土板的关键路线和关键活动，得出了有益的优化结论，通过材料的改变，引起外墙设计和施工关键路线上的关键技术活动的变化，使得原设计施工关键技术活动，消失在新的设计施工关键路线上。

从新加坡环球影城外墙板的优化中，我们用轻质加气混凝土板来代替预制混凝土外墙板，不仅缩短了工期，避开了场地紧、交通紧的困难，而且减少了墙体荷载，为咨询公司解决了难以克服的困难。虽然轻质加气混凝土板外墙防水不如预制混凝土板，其隔声能力在低频段效果不好，但我们在设计上下工夫，保证了外墙的防水质量，通过了严格的现场防水试验；为保证轻质加气混凝土板外墙在低频段的隔声能力，我们采用金属面岩棉板和轻质加气混凝土板组成复合外墙板，通过试验，利用金属面板优越的隔声性能，解决了外墙板在低频段的隔声问题。

第一次使用蒸压轻质加气混凝土墙板就遇到了STC65（Sound Transmission Class，缩写STC）的较高的隔声要求，对我们来说有点为难，但我们在使用新技术时，必须坚定信心，努力去发现并解决问题，要有不达目的决不罢休的决心，并努力去达成目标。在环球影城项目中使用节能隔声多功能复合墙板技术，不仅要解决其技术问题，而且要满足高要求的隔声、隔热设计，同时也要有效地解决在蒸压轻质加气混凝土墙板上开洞、加固的防水问题，但更重要的是在有限的时间内完成设计、生产和安装工作，否则失去了变换设计的意义。

在外墙优化设计过程中，我们不仅越过了一个个难关，而且总结实施了工程施工优化方法，把中国的绿色建材运用到海外工程，同时在优化过程中实施技术创新，创造了大板预拼装技术、蒸压轻质加气混凝土多功能隔声节能复合板技术，并申请了多项专利。

节能隔声多功能复合墙板技术在新加坡环球影城工程的应用取得了可喜的成果，把原本不可能在规定工期内完成的事情变成了可能事情。黑暗骑士2外墙为预制混凝土板，其设计、安装共用了8个月时间，而其余8栋建筑物，我们采用的是蒸压轻质加气混凝土墙板，总共仅用了不到7个月时间，其工效提高了好几倍。

由于我们采用了蒸压轻质加气混凝土墙板和金属面岩棉夹芯复合板技术，使得通常需要4年半完成的环球影城项目，在18个月内完成了。事实证明，我们正确选择了蒸压轻质加气混凝土技术。

在距2009年12月完成竣工验收近3年的今天，新加坡环球影城的8栋建筑单体的蒸压轻质加气混凝土墙板历经了新加坡热带岛国的高温、大雨和大风的考验，各种隔热、隔声、防水、防火等性能指标均保持正常，未出现任何质量问题，而且节能隔热效果还远远超过了原设计要求。为了使我们的钢结构建筑外围护体系有更多的选择，我们将研制和施工过程总结编著成书，以飨广大读者，供同行参阅指正。

目　　录

引　言

　　新加坡环球影城项目是一个综合娱乐项目，临近大海，主要景点都建在地下室顶板之上，建造同等规模的美国环球影城、日本环球影城用了 4～15 年才能完成的建设工程，新加坡环球影城项目工期仅有 18 个月，施工工期非常短，而且新加坡环球影城远比已建的环球影城项目复杂和精致，外墙装饰都为立体造型，施工难度更大，极具挑战性。

　　（1）大部分景点都建立在 9.5m 超高净空的大型地下室上面，工期受地下室施工影响，而其他已建环球影城都建在地面上。

　　（2）地面景观结构复杂，大型人工湖 LAGOON 和雨水收集、排水系统都位于地下室顶板之上，地下室顶板随上部结构功能而变，高低起伏，蜿蜒曲折，变化多端，最大高差达 4.5m 之多。所有这些加剧了环球影城项目的施工复杂程度，使得地下室施工成为关键施工路线上所有关键节点中最重要的节点。

　　（3）新加坡环球影城有 9 个主要室内景点，9 栋建筑物都为大型钢结构建筑物，高度都在 20m 左右，彩钢板绿色屋面，外墙为预制混凝土板，外加外观建筑装饰，所有室内游乐设施的基础、安装、上下水、机电管线的施工都和外墙板、隔声系统施工交叉进行，甚至外观装饰及外墙的连接也同样和外墙交叉重叠，相互影响，并且所有主建筑物都位于交通要道，吊装安装预制混凝土墙板需要使用大型吊车和升降车，需有足够的空地来堆放、吊装预制混凝土外墙板，受施工物流影响，没有足够的空间来吊装预制混凝土外墙板。显而易见，外墙的设计、制造和安装也是环球影城项目施工关键路线上的一个重要的节点。

　　预制混凝土外墙板设计、制造和安装简明关键路线图如下：

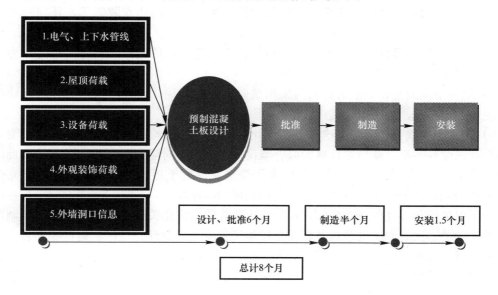

新加坡政府多年来一直致力于推广使用预制混凝土构件，以减少工程现场人力使用，提高建筑施工生产力。

黑暗骑士2是第一个开始施工的主要建筑物，完全按照原设计采用钢结构、预制混凝土外墙板，由于设计信息不足，预制混凝土外墙板的设计与批准花费了6个月。两个生产厂家同时生产，半个月才能完成5640m²预制混凝土板的生产，由于每块预制混凝土板大约为4t，需要使用重型吊车，受安装场地条件的影响，主要墙面的安装就花费了1个半月。

黑暗骑士2预制混凝土外墙的设计、制造和安装总计费时8个月。这完全不能满足新加坡环球影城项目施工进度的要求，业主和咨询公司也对此忧心忡忡。

我们首次创造性地使用施工技术优化关键技术路线分析法（OPTIMUM KEY ROTE ANALYSIS）分析了预制混凝土板的设计、生产、制造、安装的关键技术路线和关键节点，发现预制混凝土板的设计信息严重滞后，施工场地条件极差，施工交叉严重，而预制混凝土板又较重，储存和安装预制混凝土板都需要大量场地，一个建筑物四面墙仅能使用一个安装队伍，安装速度极慢，严重影响了新加坡环球影城的施工进度。

调整预制混凝土外墙板的设计方案，开展优化设计势在必行。

由于工期非常紧迫，任何优化都须承担很大的风险，我们必须合理安排市场调查，设计研究和生产、施工。我们首先对目前市场上常用的外墙材料，如红砖、空心砖、水泥砖、泡沫混凝土砖、蒸压加气混凝土砖、轻质防水石膏板、轻质蒸压加气混凝土板，以及其他水泥基复合墙板使用脑力风暴进行了分析研究和专业咨询。

在初步研究后，我们把目标锁定在轻质蒸压加气混凝土板上，其质量、生产能力都能满足我们的要求，而且安装简单，几乎不占用场地。但新加坡还未使用过轻质蒸压加气混凝土板，阻力很大，开展外墙优化需要专业知识、需要时间、更需要和业主、咨询公司沟通，这些都极具挑战。

1）没有任何轻质蒸压加气混凝土板的设计和施工经验，这对我们自身是一个挑战。

2）如何说服业主和咨询公司并获得相应的支持是第二个挑战。

3）第三个挑战是如何快速组织好优化设计、生产、运输和安装施工，任何一个环节出问题，都会导致非议，影响优化设计的成败。

4）第四个挑战是设计人员对所用新材料都不熟悉，沟通困难，设计时间短，为了保证按时交付生产，保证按时安装，难度极大。

5）第五个挑战是在有限的时间内采用试验来证明其优化设计所采用的外墙设计功能能满足原设计要求，如防火、隔声、防水。

6）第六个挑战是如何解决这种外墙优化设计后所引起的一系列墙体性能的改变，采用新设计来弥补不足。新加坡环球影城外墙设计要求高，对隔声、隔热、防水等都提出了更高的要求，用轻质蒸压加气混凝土板来代替预制混凝土板，在性能上肯定不能完全等同，解决问题，达到原外墙设计功能才是优化成功的保证。

为了保证优化设计的成功实施，我们首次研究使用优化关键路线法，研究了预制混凝土板外墙的关键路线和关键节点及轻质蒸压加气混凝土板设计、生产、运输和安装、试验研究的关键路线和关键节点，分析研究了优化对策，成立了新加坡环球影城外墙优化课题组，并制定了优化设计、采购、生产、运输、安装和试验研究、质量管理策略和措施。

快速锁定中国质量最优的轻质蒸压加气混凝土板生产厂家，和业主、咨询公司一起考察研究，同时开展设计研究。

目前在中国、日本、欧洲、美国都已大量使用轻质蒸压加气混凝土板，作为绿色可循环、隔热、吸声建筑材料已广泛被设计和施工技术人员所接受，普遍用于一般民用建筑和工业建筑，其设计、施工技术已十分完善。但对于隔声、隔热、防水要求较高的环球影城项目还是首次，还有许多问题亟待解决，我们的研究将集中于下列诸方面：

1）在施工期间如何有效开展优化设计，重点是设计施工优化关键路线和关键节点法。

2）对新加坡环球影城项目外墙开展优化设计和施工。

3）轻质蒸压加气混凝土大板预拼装设计及施工技术。

4）新加坡环球影城项目 STC65 隔声外墙的优化设计和施工技术。

5）中外轻质蒸压加气混凝土金属岩棉复合多功能墙体设计图册，该设计手册为中英文图册，在中国规范和英国规范基础上编著。

我们希望通过以上的研究，快速解决新加坡环球影城项目预制混凝土外墙板的设计、制造和施工问题，保证新加坡环球影城项目外墙优化的成功实施，从新加坡环球影城项目的关键施工路线中找出外墙的设计、生产和安装关键节点，保证在 18 个月内完成新加坡环球影城项目，并总结出海外施工企业在施工期间开展优化设计的经验；开展轻质蒸压加气混凝土大板预拼装设计及施工技术研究，以提高生产力；利用轻质墙体和质量较大的金属面岩棉复合材料的隔声互补性，开发轻质薄型高效隔声墙体，解决新加坡环球影城外墙的隔声问题；并在此基础上提炼完善中英文轻质蒸压加气混凝土金属面岩棉复合多功能墙体设计图册，提高设计能力，提高生产力，提高企业的竞争力。

第一篇　围护体系的设计

1　工程技术背景

1.1　工 程 概 况

新加坡环球影城位于新加坡南部风景秀丽的圣淘沙岛，依山傍水，与新加坡主岛隔海相望，它是世界上第四个美国环球影城公司具有自主知识产权的主题公园；也是到目前为止东南亚唯一的环球影城主题公园；它占地面积 22 公顷，建造费用超过 10 亿美元，设计每天可接待 3 万人次；它汲取了美国好莱坞、奥兰多和日本大阪三个环球影城的精华，园区内包括好莱坞、纽约街、梦幻世界、科学探险城、古埃及城、失落的世界 6 大观景区和一个巨大的人工湖，该环球影城建成推出 24 个游乐设施和景点，其中 18 个是专门为该园区设计或修改的，在世界上独一无二。园区内还设有 30 家不同风味的餐饮设施，以及 21 个零售店和摊位。

新加坡环球影城是新加坡第一个绿色建筑区域，获得了金加级绿色建筑称号，对整个区域的规划、绿化率、墙体垂直绿化、屋顶绿化、墙体隔热节能、隔声防火等都提出了更高、更严的设计要求，为游客提供一个凉爽的游乐环境。

地下室面积达 8 万 m²，净空超过 9m，开挖深度达 16m 之多，地下室和建筑物基础均为混凝土结构，建筑物上部结构采用钢结构，混凝土量约 20 万 m³，钢筋量约 3.2 万 t；钢结构 20 多个单体近 1 万 t；屋顶为彩钢结构，并设计为种植绿色屋面，共 34 个种植绿色屋面约 1 万 m²；黑暗骑士 2 为预制混凝土外墙，其制作和安装都不能满足施工速度和场地的要求，优化设计采用蒸压轻质加气混凝土墙板和金属面岩棉夹芯板作为外墙板，不仅可以满足施工进度和场地要求，而且节能，满足 ST65 的高要求隔声，其总面积达 2 万多平方米；大型人工湖渠面积达 32000m²；以及大面积的主题装饰、人造景观、绿化工程、外围道路、管线、机电设备、消防自动控制和报警系统等。

新加坡环球影城项目是中冶集团在海外承建的第一个大型综合娱乐项目。由中冶集团下属的中国京冶工程技术有限公司和中冶天工集团有限公司两家子公司联合组成的项目部，凭借着全体管理人员科学管理和数千名工人夜以继日的工作，克服了新加坡现场恶劣的高温酷暑和多雨气候条件，开展管理创新、技术创新、优化设计和施工，采取了多项新技术、新工艺和新材料，自 2008 年 8 月开始施工，共历时 18 个月，新加坡环球影城如期向公众开放，创造了环球影城建设史上新奇迹。

1.2　工程特点

新加坡环球影城项目是一个总包合同，在投标时，大部分设计还停留在概念设计阶段，其游乐景点的设计还处于开发研究阶段，完全无法确定最终设计，更谈不上确定设计图纸，确定工程造价，使得部分合同定为暂估价合同，也就是说，对于不确定设计的游乐景点，将不定工程量，仅确定建造单价。

该项目咨询公司繁多，专业面广，有建筑、结构、机电设备和给水排水、景观、隔声、建筑外观咨询公司，以及美国环球影城咨询公司直接参与设计和研究。除此之外，根据合同要求和规定，总承包商工作范围还包括部分设计和建造任务，如主建筑物钢结构设计、制作和安装，外墙设计、制作和安装，所有景观的设计和建造，以及所有建筑物的外观装饰的设计、制作和安装，还有大型聚四氟乙烯（PTFE）、四氟乙烯（ETFE）顶棚的设计和建造等。这俨然是一个综合的设计建造总承包合同，需要有强大的技术支持和技术实力。

（1）工期紧。从美国奥兰多第一个环球影城开张以来，新加坡环球影城已是世界上第四个环球影城了，无论是美国的环球影城，还是日本的环球影城，都花费了4～5年时间；另外，还有一个不可忽略的关键设计，使得新加坡环球影城施工关键技术路线上的关键工序增多，关键路线加长，已建的三个环球影城的主要建筑物都是直接设在基础上，而新加坡环球影城的绝大部分主要建筑都设在大型地下室顶板上，而且好莱坞剧院、木箱漂流、黑暗骑士3和音乐厅还局部位于两层地下室之上，地下室及其顶板的施工变成关键施工节点。

（2）开工时设计图纸不全，开工后设计图纸发放不及时。正如前面所述，本工程合同中含有大量的暂估价合同，无法在开工初期确定设计，完成设计图纸，在实际施工中，形成了边设计、边修改、边施工状况，严重影响了对设计图纸的研究和施工安排，增加了施工规划和施工资源的调配，故严重影响了工程进度。

（3）整个工程项目设有不同的专业设计院和特别设备咨询公司，一个技术问题通常需要召开多次会议方能解决，效率较低。

（4）场地紧张。没有足够与合适的场地来布置施工吊装场地和堆放材料设备，施工现场物流管理显得异常重要。

（5）道路交通困难。特别是现场施工通道，整个工地大部分区域都为地下室，在工地内部仅有两条施工通道，一条是内环路，另一条是外环路。内环路两边都是建筑物和景点，两边建筑物施工、外观装饰吊装施工、屋顶施工、钢结构施工、外墙施工、室内设备运输、装卸都需要用内环路，内环路原则上是一条可以贯通的场内施工通道，但事实上还不能完全贯通，需要根据整个环球影城的施工和整体施工要求来协调施工安排，有时需要局部关闭内环路施工通道，协调施工材料、设备的进出和车辆运行，需有效控制各分包和各区有效使用内环路。

内环路虽然是一条环球影城游客使用的主要通道，但在设计上，它仍然是整个区域建设的一部分，在内环道路下面的地下室顶板上面还埋设了各区的电缆、煤气管道、上下水管道等设施，路面装饰要求也较高，要兼顾临时通道和在短时间内完成内环路自身施工，并非易事。

外环路是环球影城项目中施工现场和外界通行的主要通道，它和已建地下室相连，并和进入圣淘沙岛的主要公路相接，主要担当场内重型设备的运输，路面下方埋设了连接各区的主电缆、煤气、上下水管道、消防管道等。外环路和内环路一样，同样由于各区建筑物的施工、大型设备的安装以及外环路自身施工的要求，不能保持完全畅通，需要根据施工物流和各区施工要求统一协调开通和关闭外环路。

（6）施工交叉作业严重，场地紧张。紧邻正在运行中的轻轨列车，施工交通路线的布置和重型吊车的使用都会受到严重影响，木箱漂流、好莱坞剧院、黑暗骑士3和音乐厅都位于正在运行中的轻轨列车，不允许在轻轨列车附近停放大型吊车。

（7）预制装饰板工作量很大，供应商不易找到，而且工期紧，供应商来不及制作，此项工作难度很大。

1.3　新加坡建筑围护体系简介

新加坡是个岛国，在赤道附近，长年温度都在24～32℃之间，是典型的热带岛国。无论是建筑管理、规划设计，还是建筑体系、外墙围护设计都形成了独特的岛国风格。

为了达到节能隔热的目的，防止太阳光直射进房间，规定其建筑朝向和南北方向夹角必须大于22.5°，对于金加级绿色建筑墙体节能隔热系数要达到RETV 30W/m² 或更低，对于白金加级绿色建筑墙体节能隔热系数要达到RETV 20W/m² 或更低。

新加坡的建筑外墙围护结构通常可以分为实心红砖墙、空心红砖墙、砂砖墙、预制混凝土板墙，对于临时建筑或工厂、库房一般没有空调要求，谈不上节能，因而设计也较为简单，仅用金属板覆盖。

砖墙是新加坡的传统墙体材料，设计施工都较为简单，随着高层建筑的崛起，为了减轻建筑物的整体荷载，方便施工，逐步引进了空心砖，部分减轻了工人的施工强度，但由于砖墙本身的缺陷，劳动强度仍较高，砖墙的砌筑、粉刷和油漆工作都需在现场完成，不仅工序多，时间长，而且要在建筑物外部工作，不仅需要搭设大量的安全设施，无疑增加了施工成本，并且还会造成大量建筑垃圾，其修补工作更是困难。对于砖墙的质量也是问题，由于工序多，高空作业，难以保证其施工质量，况且工人的熟练程度将影响其施工质量，新加坡多年来的工程实践证明，通常采用砖墙的建筑外墙，墙面都会出现裂缝，表面不平整，有的甚至会出现漏水现象，难以获得质量检查高分。

近年来，新加坡政府对建筑工程施工进行了大量研究，建立了质量评价标准（Quality Mark）、绿色建筑标准（Green Mark）、绿色文明施工标准（Green and Gracious），建筑物的规划设计设定了可建造评分标准（Buildable score）。新加坡政府竭力推行绿色建筑、绿色施工和优质工程，并且设立相应的基金，鼓励开发商和建筑承包商开展技术创新，强力推行可建造技术，提高生产力，采用预制构件，减少在现场的施工作业工程量（即湿作业），这不仅可以减少现场的不安全因素，而且可以减少现场的施工垃圾。

预制混凝土外墙板（Precast Concrete Panel），即混凝土板块和结构构件在预制构件厂先按照图纸要求制作加工后，再运到工地现场拼接安装的形式。因为其具有施工周期短、质量可靠（对防止裂缝、渗漏等质量通病十分有效）、节能环保（耗材少，减少扬尘和噪声等）、工业化程度高及劳动力投入量少等优点，在国外（如日本等）和我国香港地区的公用和住宅建筑上得到了广泛运用。主要优点是可以进行商品化生产，现场施工效率高，劳动强度低，构件便于安装，结构承载力与变形能力均比混合结构好。但造价较高，自重大，每块板块平均3t重，需用大型的运输吊装机械，平面布置不够灵活，只适用于简单的规则建筑。

预制板在设计过程中，首先要考虑好板块的规格，尽量调整成同一规格的板块，这样能够加快预制生产的速度，便于制作和安装。还可以利用同等强度的钢筋网片代替普通钢筋，减少钢筋绑扎时间。在浇筑完板块后，进行混凝土板块的养护，等到混凝土达到一定强度后，才能运到现场安装（图1-1～图1-7）。

图1-1　采用预制混凝土板外墙的私人住宅

图1-2　预制混凝土外墙运输

图1-3　新加坡政府组屋预制混凝土外墙

图1-4　预制混凝土构件的卸装

图 1-5　安装完毕的预制混凝土外墙

图 1-6　多层预制混凝土柱

图 1-7　堆放的预制混凝土梁

目前新加坡政府组屋（HDB）已大量采用预制构件，如预制楼梯、垃圾管道、预制楼板、预制梁、预制混凝土柱、预制混凝土外墙、预制混凝土板等预制混凝土构件。新加坡政府组屋开创了新加坡混凝土预制构件全面使用的先河，为新加坡大力推行预制构件起到关键作用。

对于高层建筑，为了增加设计效果，保证采光，因此大力推行玻璃幕墙和轻质墙板。

砖墙作为一种传统的建筑材料，仍然在使用，红砖还在一些层高不大的建筑物中使用。除了红砖外，目前新加坡还引进了空心红砖、空心砂砖，以及轻质加气混凝土砖。通常在外墙使用红砖，内墙上使用轻质砖。

但是，迄今为止，新加坡还没有像西方和中国一样，大量使用轻质加气混凝土板，也没有在外墙设计中采用轻质墙板。

1.4 主要建筑物围护结构概况

世界上最早的环球影城是美国的奥兰多，建环球影城区域内是一片旧厂房，正是由于这片旧厂房，成就了现今的环球影城风格。建筑师利用这片旧厂房，根据游乐设施来改造了这些厂房，使之满足游乐设施的布置与安装，对厂房地面进行改造，重新设计游乐设备的基础，并在厂房顶部设计猫道，布置电缆和管道，在厂房内增设空调，以保证游客可以舒适地观看游乐项目；在外观设计方面，由于原有厂房外墙都为薄钢板，极其简陋，既不能隔声，也不能隔热，更不能满足节能的要求，但为了节省开支，实现绿色可持续发展，保留了原厂房建筑外墙，仅在建筑物表面加设了建筑外观装饰，这种外观装饰虽然是平面的，采用图案和油画，但使改造后的建筑物墙面外观焕然一新，并采用类似的建筑外观装饰设计手法来装饰环球影城园区内的景点，形成了环球影城特有的景点装饰设计风格。

随着时间的推移，环球影城打响了国际知名度，环球影城的设计条件也发生了较大的变化，主要建筑物已不再是旧厂房，但在外观设计上仍保持原有的风格，大量采用人工景点造型，外墙采用外观装饰设计，其外观装饰设计并已由平面外观装饰设计过渡到立体外观装饰设计。

新加坡环球影城共有 25 个建筑单体，建筑面积 15.5 万 m^2。其中有 9 个主要建筑物主体结构采用钢结构，并采用金属屋面，图 1-8 是新加坡环球影城建筑物分布图，黑暗骑士 1、黑暗骑士 2、演示厅位于地基基础之上；4D 影院 1、4D 影院 2 一部分在地下室顶板上面，一部分在土基之上；木箱漂流、好莱坞剧院、黑暗骑士 3 和音乐厅则完全位于地下室顶板之上。

表 1-1 为新加坡环球影城主要建筑物参数，这些建筑物的共同特点是外墙较高，其最大高度达 22.2m，最小高度也有 13.5m。

建筑物外墙和外观装饰基本独立，外墙设计采用 150mm 厚的预制混凝土板，外观装饰都采用立体、预制饰面或立体造型，生动地再现了古埃及城堡、老纽约大街、好莱坞星光大道、海船和公主城堡。

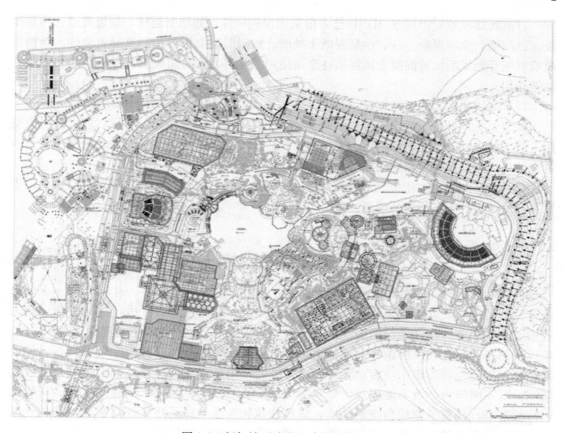

图 1-8 新加坡环球影城建筑物分布图

新加坡环球影城主要建筑物参数 表 1-1

序号	区 域	建筑名称	建筑面积（m²）	墙面积（m²）	建筑高度（m）	外观装饰
1	Egypt 古埃及城	DARK RIDE 2 黑暗骑士 2	6333	6017	22.20	古埃及立体浮雕
2	Dream Works 梦工厂	FLUME RIDE 2 木箱漂流	4475	3602	17.90	钢板立体海船
3		4D CINEMA 1 4D 影院 1	3377	2489	14.50	预制立体城堡
4		4D CINEMA 2 4D 影院 2			14.50	
5	Hollywood 好莱坞	HOLLY WOOD THEATRE 1 好莱坞剧院	4280	2807	21.00	浮雕式和立体好莱坞星光大道
6	New York City 纽约城	SOUND STAGE FACILITES 音乐厅	1057	2209	20.00	浮雕式和立体古纽约大街
7		DARK RIDE 1 黑暗骑士 1	——	——	13.50	
8		DARK RIDE 3 黑暗骑士 3	797	950	13.50	
9		SHOW FACILITIES 演示厅	2311	3572	19.50	
合计			25658	25645		

1.5　小　　结

　　本章介绍了新加坡环球影城的工程概况、工程特点，并概要介绍了新加坡建筑围护体系，以及新加坡政府大力推行绿色建筑及提高生产力，实施可持续发展的情况，并对新加坡环球影城的主要建筑物围护结构概况进行简要介绍。

2 预制混凝土墙板设计介绍

2.1 外墙设计的基本要求

在已建的环球影城中，新加坡环球影城对外墙的设计要求最高，按原设计要求，外墙均应采用 150mm 厚的预制混凝土板。外墙要求防水、防火和隔声，具体要求见表 2-1。

新加坡环球影城外墙设计要求　　　　　　　　　　　　　　表 2-1

序号	区　域	建筑名称	外墙防水	外墙防火等级（h）	外墙节能	隔声能力
1	Egypt 古埃及城	DARK RIDE 2 黑暗骑士 2	高压水现场测试不漏水	2	—	STC55
2	Dream Works 梦工厂	FLUME RIDE 2 木箱漂流	—	2	—	STC45
3		4D CINEMA 1 4D 影院 1	—	2	—	STC65
4		4D CINEMA 2 4D 影院 2	—	2	—	STC65
5	Hollywood 好莱坞	HOLLY WOOD THEATRE 1 好莱坞剧院	—	2	—	STC65
6	New York City 纽约城	SOUND STAGE FACILITES 音乐厅	—	2	—	STC65
7		DARK RIDE 1 黑暗骑士 1	—	2	—	STC45
8		DARK RIDE 3 黑暗骑士 3	—	2	—	STC45
9		SHOW FACILITIES 演示厅	—	2	—	STC45

每一座建筑物都是一个游乐设施，为了保证游客能舒适地尽情享受，室内都装有空调，并且对墙体提出了较高的要求，其中好莱坞剧院、4D 影院 1 和 4D 影院 2 三座剧院的隔声标准为 STC65，这在国内建筑隔声要求很难见到，严格的隔声标准将确保证室外的噪声不传到室内，室内的声音也不传到室外，在强调隔声的同时，设计中还要求在内墙表面设置吸声层，以保证室内的音质。

除了隔声和吸声要求外，主要建筑物外墙还必须满足绿色建筑设计要求，减少墙体的能量传递，达到节能环保的目的。

其主要建筑黑暗骑士 2（DARK RIDE 2）采用了 150mm 厚预制混凝土外墙板，黑暗骑士 1（DARK RIDE 1），音乐厅（SOUND STAGE FACILITY），演示厅（SHOW FA-

CILITY)，黑暗骑士 3（DARK RIDE 3），好莱坞剧院（HOLLYWOOD THEATER 1），
激流勇进 2（FLUEM RIDE 2），4D 影院 1（4D CENIMA 1）和 4D 影院 2（4D CENIMA 2）
都全部采用了 150mm 厚蒸压加气混凝土墙板。大部分屋面均为绿色屋面，种热带植物。

2.2　预制混凝土墙板的基本性能

按照设计技术要求，新加坡环球影城主要建筑物的外墙均采用钢结构和 150mm 厚的
预制混凝土外墙板，其隔声能力达 STC55，基本满足设计要求；混凝土的导热系数较低，
150mm 厚的预制混凝土板外墙完全可以满足节能设计的要求。

表 2-2 列出了预制混凝土板外墙性能。

预制混凝土板外墙性能　　　　　　　　　　　　　　　　　　　　表 2-2

名　称	外墙防水	外墙防火	外墙节能	隔声能力
150mm 厚预制混凝土板	高压水现场测试不漏水	2h	40W/m²	STC55

2.3　预制混凝土墙板的基本设计流程

新加坡环球影城的总包合同非常特别，在常规总承包合同中总承包商仅需安装设计要
求和图纸，在规定的时间内完成施工即可，而新加坡环球影城项目却包含了大量特别技
术，需要专业承包商来自行设计并建造，设计咨询公司仅在合同的技术要求中对特定项目
提出设计和建造要求，这就是设计建造。其审批流程如图 2-1 所示。

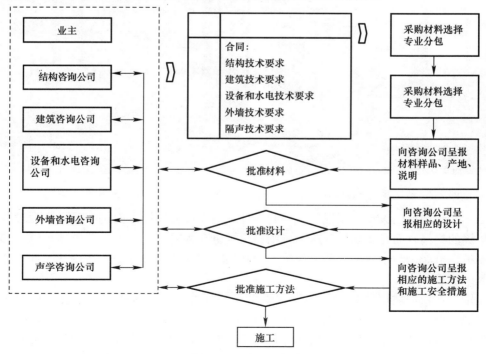

图 2-1　设计建造的审批流程

　　总承包商必须按照设计建造要求提出设计方案，并呈报所使用的材料样品，材料物理、化学和力学特性，而且要求按合同提供使用保证；同设计要求一样，总包商还要呈报施工方法和施工安全方案。

　　技术要求作为合同的一个重要文件，业主和设计通过合同文件对材料特性、质量、规格都会给出详细的描述，对于特定的设计，还会对材料的防火性能、隔声性能和节能提出特殊要求。

　　总包商必须认真阅读所有的合同文件，必须严格按照技术要求中的所有技术规定采购、设计和施工，否则，总包商将是违反合同，设计咨询公司将会拒绝送批的材料、设计和施工方法。

　　从设计流程中可知，预制混凝土外墙板的设计必须获得咨询公司的批准，在预制混凝土板的设计中必须清楚地标明所有的管道、电气、电缆的连接位置，并注明所有与预制混凝土外墙板相连接的方式和相关设计。

2.4　预制混凝土墙板的设计分析

　　在新加坡环球影城中，古埃及城是较早开始建造的一个区，黑暗骑士2是区内的主要建筑物，也是新加坡环球影城项目中最早开始施工的主要建筑物，主结构为钢结构，屋面为金属屋面板，外墙为预制混凝土板，预制混凝土板厚为150mm，板规格为3.6m×2.4m和4.4m×2.1m，板重达3.33t，这些都是原设计要求，图2-2为预制好的混凝土外墙板，图2-3为预制混凝土板钢结构连接节点照片。

图2-2　预制混凝土板照片　　　　　　　图2-3　预制混凝土板钢结构连接节点照片

　　虽然在新加坡已大量使用混凝土预制构件，但在接缝设计方面仍然采用水泥砂浆作为填补接缝的材料，而在新加坡环球影城则提出了更高的要求，为了避免外墙接缝不影响整体的隔声、节能、防水效果，并方便施工，必须采用新的设计方法，在设计中同样遇到难以克服的困难。

　　无疑，在新加坡环球影城外墙设计中采用预制混凝土外墙板，具有良好的隔声、防水、节能功能，而且所有预制混凝土板都在场外制作，有助于减少占用现场紧缺的场地，提高生产能力，减少施工垃圾，符合绿色施工。但从预制混凝土外墙板的设计流程分析来看，在环球影城的建筑物外墙上都设有很多电气、设备管道，以及外墙外观装饰、广告牌、灯光等设施，所有这些都必须在预制混凝土外墙板的详细设计中确定，以便布置洞口，设计加筋，如果不能及时确定洞口大小和位置及其附加连接的确切位置和荷载大小，就无法完成预制混凝土板的设计，也无法获得咨询公司的批准，更谈不上开始生产。

在环球影城项目中，部分项目由于无法在开工时确定设计，而改用暂估价合同来代替真正意义上的总包合同，在施工过程中，仍然缺少设计信息，同样，在外墙板的设计中，完全不能及时获得外墙管道和其他与外墙相关联的信息，这些严重影响了外墙板的详细设计和制作，一个古埃及城的黑暗骑士2就耗费了设计人员近4个月时间。

另一个严重影响预制混凝土外墙设计的因素是预制混凝土板的自重。

新加坡环球影城主建筑物均为钢结构，外墙板为150mm预制混凝土板，屋顶为钢屋面板，在屋顶上还设有绿色屋面，并采用自动喷灌系统。整个建筑物有点头重脚轻，不利于结构整体安全，由于某种特殊原因，无法及时获得作用在外墙板上的荷载，无法获得绿色屋面的实际荷载，结构咨询工程师在设计钢结构时没有考虑到由于环球影城的复杂性，在室内外都有大量的电气设备、管道、广告牌、外观装饰、维修猫道、吊顶、金属屋面和绿色屋面等一些特别的结构和设备荷载需要传到建筑物钢结构上，导致设计承载能力不足，到处减低荷载，影响了建筑设计和主题公园（THEME PARK）的艺术功能。

在设计过程中，在平衡各种荷载和钢结构的承载力时，遇到了极大的困难，必须设法减轻建筑物的设计荷载，跨越这一难以逾越的设计问题。

虽然我们对绿色屋面开展了优化设计，用轻质骨料代替常用的土壤，减轻钢结构的荷载，但还是困难重重。

环球影城主要建筑物的屋顶为钢板屋顶，考虑流水效果，采用斜屋面，而整个外墙建筑设计为齐平，也就是说，部分预制混凝土外墙为女儿墙，女儿墙部分的预制混凝土板和金属屋面板之间的连接非常困难，在钢结构设计时，没有考虑女儿墙的设计，钢结构柱仅延伸到屋面，如在金属屋面板上设计支撑钢结构，不仅增加设计荷载，也将严重影响结构的安全。这在结构荷载限制、结构安全要求等限制条件下，要想按原设计条件采用预制混凝土板几乎是不可逾越的难关，在不得已的情况下，后来只好把古埃及城黑暗骑士2的女儿墙改成轻质防水外墙板。

2.5　小　　结

本章详细介绍了新加坡环球影城外墙设计的要求，对预制混凝土板的性能和设计要求，并说明了预制混凝土板外墙的构造设计及防水构造的特点。

由于在初始设计中，对一些设计建造的结构部分荷载考虑不足，严重影响了预制混凝土外墙板的设计进程；同时，在预制混凝土外墙板的设计过程无法及时获得与外墙板相连的附加建筑设施信息，也不能及时获得穿过外墙板上的电缆、管道的确切位置和大小，可见在新加坡环球影城外墙板的设计过程中，其设计问题很多，设计和审批过程非常长，严重影响了混凝土预制板的生产。

3 预制混凝土外墙的施工

3.1 预制混凝土外墙板的施工要求

预制混凝土板确实能在某种程度上加速施工，把现场浇筑混凝土板的工作转移到场外，避免现浇混凝土墙施工中的脚手架、模板搭设和产生施工垃圾，在某种程度上加速了施工进程，减少了浪费。

但预制混凝土板很重，每块约重 4t，加之建筑物较高，在某种程度上加大了施工安装难度，需要使用两台大型吊车来进行安装，每台吊车至少需占用 $20\sim30m^2$ 场地，安装时需要占用建筑物周边的道路，将会影响施工现场的道路交通和周围建筑物的施工。

其安装速度也较慢，每天每个班组仅能完成 $4\sim6$ 块板的安装工作，还不包括焊接连接件、处理接缝。古埃及城黑暗骑士 2 总计 $6017m^2$ 预制混凝土外墙板，主要安装工作就耗费了大约 50 天时间，施工周期较长。

表 3-1 中给出了预制混凝土外墙板安装所需的设备，图 3-1 所示则为预制混凝土外墙板的生产、运输和安装流程图。安装预制混凝土外墙板需要使用大型吊装设备，需要长时间占用周围道路，影响周围建筑物的施工，并且影响周围道路的正常使用。

预制混凝土外墙板的安装设备 表 3-1

序 号	施工安装	所需设备	说 明
1	焊接连接件	电焊机两套	
		两台 25m 臂长升降车	
2	吊装预制混凝土外墙板	200t 吊车一台 100t 吊车一台	
	固定连接预制混凝土外墙板	两台 25m 臂长升降车	辅助稳定混凝土预制构件，固定连接预制混凝土板
3	接缝处理	25m 臂长升降车两台	

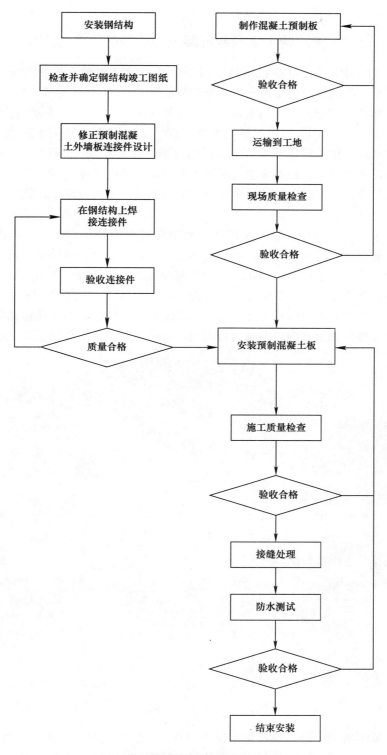

图 3-1　预制混凝土外墙板安装流程

3.2 黑暗骑士2预制混凝土外墙板的生产与安装

黑暗骑士2的外墙是环球影城项目中第一个开始设计并安装的预制混凝土板外墙建筑，对预制混凝土板的设计、生产和安装具有指导性意义。

为保证足够的生产能力，我们安排了两个生产厂家来共同生产黑暗骑士2的外墙板，总面积为6333m²，每个厂家的生产量大约为3150m²，耗费两个星期才完成，每天的平均生产量约为200m²。如果环球影城26000m²的预制混凝土板都由这两个厂家来完成，并同时生产，大约需要4个月。根本无法满足施工要求，也不能被业主所接受。我们所使用的两家预制构件厂家，一家是新加坡的生产商，另一家是马来西亚的生产商，市场上很难找到第三家，无疑这是严重的问题。

在施工安装方面，也同样遇到了困难，预制混凝土板较重，无法跟进钢结构安装速度，并提前安装预制混凝土板外墙，且在安装过程中，还要注意钢结构荷载的平衡，不能仅在同一墙面上安装，否则会影响建筑物的平衡和施工时的结构安全稳定性。

在安装时，每个班组至少需使用三台升降车和一台吊车（图3-2～图3-4），如果两个班组同时施工，就需6台升降车和两台吊车，黑暗骑士2建筑物两边的道路几乎被完全占用，也就是说，外围通道和内环路都将被占用，这将阻断整个工程的施工交通。

图3-2 现场混凝土吊装照片

从图3-4黑暗骑士2施工现场吊车使用照片可以清楚地看出，共有9台吊车，3台升降车，在同时作业，场地紧张，交通道路拥挤，黑暗骑士2建筑在开工时，边上的景点和辅助建筑还没有开始，在黑暗骑士2建筑边上的过山车以及相邻的人造假山都还没有开

图 3-3　混凝土预制板现场施工照片

图 3-4　黑暗骑士 2 施工现场吊车使用照片

始，因为古埃及城完全位于地面上，开工早，我们可以推迟周围建筑施工的时间，尽量减少对主要建筑物的干扰。

3.3　现场施工物流分析

新加坡环球影城北临大海，南面是圣淘沙岛贯穿东西的大道，东面是入岛的主要公路，并与圣淘沙岛东西大道相接，西面是入岛轻轨列车，在施工期间还要继续营业运行。

在地下室施工期间，进入地下室的通道就是地下室隧道，两条隧道还是能满足施工物流要求的。

在地下室顶板施工后期，大部分地下室顶板已经完成施工，外围道路基本形成，进入新加坡环球影城的通道位于入岛公路西侧，穿过梦工厂区，进入新加坡环球影城外环道路，当梦工厂开始建筑基础后，不得不改道进入施工现场的道路，在隧道入口区修筑临时挡土墙，勉强形成一条进入外环道路的通道。

完成所有地下室顶板施工后，开辟了一条从地下室到纽约区的通道，在某种程度上，减轻了交通压力，但这时正是上部建筑和娱乐设备安装的高峰，物流量激增。

新加坡环球影城项目中并没有高楼，但建筑物集中，施工工序多，施工交叉严重，既有平面交叉、空间交叉，又有时间上的交叉。

环球影城项目场地大、区域多，在道路规划过程中，要确保形成有效的交通流，尽最大可能促使施工现场内的大循环流的形成。一方面，可保障道路途经各主要区域，另一方面，其可形成车辆的单向流，能够保障车辆流动的有序，减少倒车及由于车流的双向流导致的安全隐患。

环球影城施工主要经历地下室施工阶段，地下室顶板上各主题公园施工阶段，分别形成了主要环路；在地下室顶板上施工阶段，还与其他总包单位达成协议，形成施工现场内外双循环道路（图 3-5）。

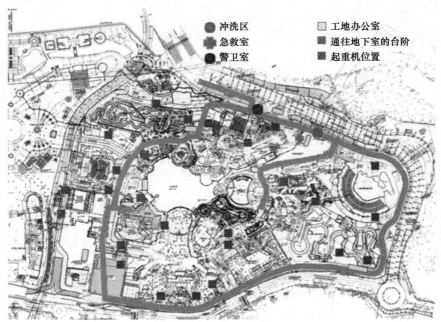

图 3-5　场地道路规划图

新加坡环球影城是一个大型综合娱乐城，在项目施工期间，除了施工本身的材料物资进出外，还有大量的机械设备需要运到工地，如一个室内过山车项目，就有200多个集装箱要进入现场。图3-6是环球影城项目一天大型车辆进入工地统计图，其物流量非常大。

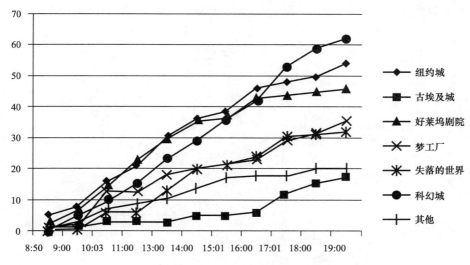

图 3-6　项目某一天大型车辆进入工地统计（日间）

新加坡环球影城项目中两条临时施工道路仅供项目本身施工用都非常紧张，况且还有大量的娱乐设备要进入现场就更加紧张。

从古埃及城的黑暗骑士2预制混凝土外墙施工情况来看，需要至少使用两台大型吊车，还要4台升降车辅助施工，必定占用临时道路，哪怕是一天，都是非常困难的，况且，纽约城和好莱坞剧院、木箱漂流记等5座建筑物都紧夹在两条道路之间，只要开始吊装，必定占用临时道路，由此可知，采用预制混凝土板作为外墙，其吊装施工将会严重影响影城项目施工的临时交通。

3.4　现场施工场地分析

新加坡环球影城占地面积并不大，只有20万 m²，但在这20万 m²的地面中建造了梦工厂（包含马达加斯加和遥远王国两个区）、失落的世界（包含水世界和侏罗纪公园两个区）、古埃及城、未来城市（包含太空堡垒和变形金刚两个区）、纽约城（有三座片场）、好莱坞剧院6个大区24个景点，还有大量的餐厅和零售店等设施，中间是大型人工湖，四周是假山景点，地面没有足够的空地绿化，就在屋顶设计绿色屋面，可见寸土寸金（图3-7）。

3.4.1　古埃及区场地及施工分析

古埃及城开工较早，主要建筑物在土基上，在外墙施工时，地下室顶板施工还没有结束，其他区域还没有进入主要建筑物施工阶段，物流量相对较小，交通压力不大，邻近区域都在基础施工阶段，安装预制混凝土外墙板时，还可以暂时使用四周的临时道路，所以可以使用大型吊车来安装预制混凝土外墙板。图3-8为古埃及城建筑平面图。

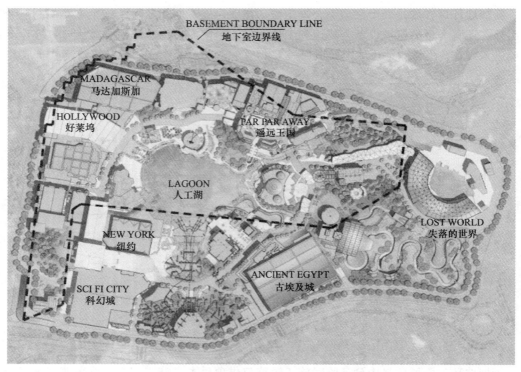

图 3-7 地下室及其建筑物关系平面图

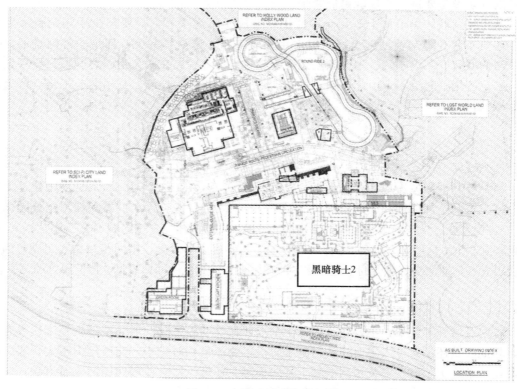

图 3-8 古埃及城建筑平面图

3.4.2 梦工厂区场地及施工分析

1. 激流勇进 2

激流勇进 2 位于梦工厂区，是一个室内的激流勇进游乐设施，整个建筑为钢结构，位于地下室顶板上，局部基础下面是两层地下室；位于环球影城的西北角，西面紧邻圣淘沙岛内轻轨列车，背面是环球影城高达 30m 的大型假山，施工工期也十分紧张，没有外围道路可以直达激流勇进 2；唯一的通道是内环路，图 3-9 为激流勇进 2 及附近建筑物平面图。

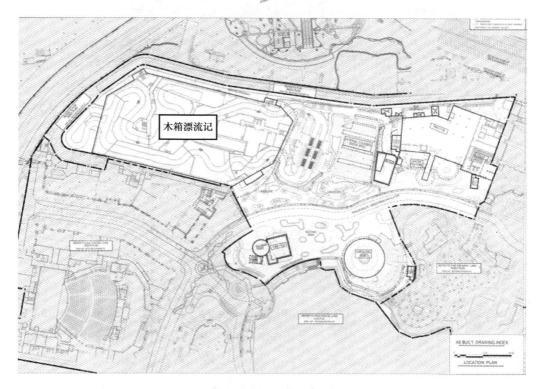

木箱漂流记

图 3-9 激流勇进 2 及附近建筑物平面图

在激流勇进 2 的南面是两层楼的商业中心和管理人员办公室，占地面积较大，相邻的是著名的好莱坞星光大道，街面都采用立体的建筑外观装饰，好莱坞星光大道上方为四氟乙烯（ETFE）顶盖，四氟乙烯（ETFE）也为钢结构，其基础在两边建筑物的屋顶上，商业中心的施工如推迟，将影响好莱坞星光大道上的四氟乙烯（ETFE）的施工。

由以上分析可知，激流勇进 2 周围都难以找到可以同时停放多台大型吊车和数台升降车的位置，唯一可以临时使用的区域就是激流勇进 2 的排队区，但在排队区和建筑物之间还有部分露天水道，水道必须按时完成，由此可知，在外墙施工时，尽管可以使用排队区，当然还是要在短时间内完成外墙施工，不然就无法完成防水工程和安装相应的机械设备，从而影响整个景点的竣工，况且在该区内还有大型钢结构船形外观装饰（图 3-10、图 3-11），施工任务也十分艰巨。

图 3-10 木箱漂流记建筑照片（一）

图 3-11 木箱漂流记建筑照片（二）

2. 4D 影院

4D 影院位于梦工厂区内，是遥远王国中的主要建筑物，包括 4D 影院 1 和 4D 影院 2 两个影院，4D 影院南面是内环大道，北面是地下室主入口隧道和外环路，在东西两面都是辅助建筑物，排队区位于 4D 影院前面，具体布置可参见图 3-12 所示的 4D 影院及附近建筑物平面图。

两个 4D 影院的大部分基础直接坐落在地下室顶板上，地下室顶板的施工也在关键施工路线上。

遥远王国中的主要建筑物都为城堡式建筑物，采用玻璃钢纤维预制立体外观装饰，其高度超过 40m，主要结构仍然采用钢结构支承，吊装需分级多次进行，至少需采用 4 台升降车和两台重型吊车，两台小型吊车，图 3-13 为 4D 影院工程照片。

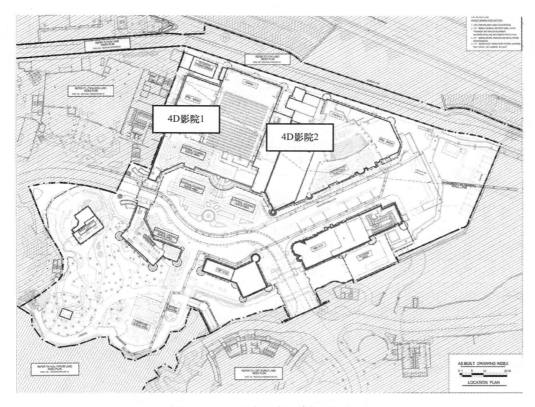

图 3-12 4D 影院及附近建筑物平面图

图 3-13 4D 影院工程照片

3.4.3 好莱坞区场地及施工分析

好莱坞剧院和纽约城两个区是最迟开始建造上部主体建筑物的区。图 3-14 是好莱坞剧院及附近建筑物平面图。好莱坞区位于纽约城和马达加斯加两个区之间，星光大道是整个环球影城的主入口。好莱坞剧院周围都是两层楼高的零售商店和办公室，如图 3-15 和图 3-16 所示。

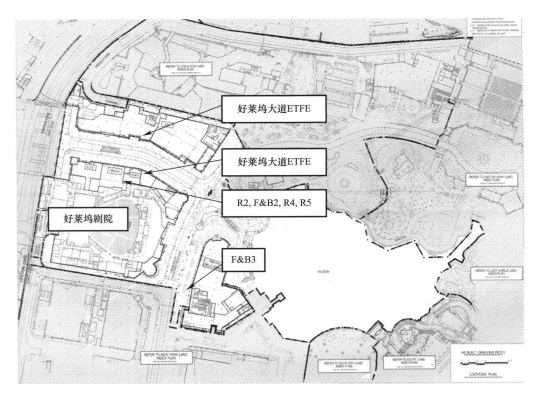

图 3-14　好莱坞剧院及附近建筑物平面图

图 3-15　好莱坞剧院工程照片（一）

图 3-16　好莱坞剧院工程照片（二）

好莱坞剧院室内和一般剧院一样都设有两层看台，而剧院主体结构为钢结构，北面与好莱坞剧院相接的是两层零售商店，为普通混凝土结构，南面是演员休息室，也为普通混凝土结构，好莱坞剧院位于这些建筑物中间而高出这些建筑物，原外墙设计采用预制混凝土外墙板，在四周都没有空地可以停放大型吊车来安装预制混凝土外墙板，即使可以使用剧院周围的道路，因安装隔开两层楼的混凝土建筑，需要使用超长吊臂的大型吊车，按照古埃及城黑暗骑士 2 预制混凝土板的安装经验来看，最少需要 45d 的安装时间，并且要占用周围的通道，由于好莱坞剧院及其周围建筑物的施工、外观装饰、四氟乙烯（ETFE）、道路、外观装饰施工和外墙之间的绿色空调安装、防火设施的安装都非常艰巨，根本没有时间和施工场地。

由此可知，在好莱坞区域不可能有足够的空间、时间和场地来安装预制混凝土板外墙。

3.4.4　纽约区场地及施工分析

纽约区位于环球影城的西南角，在背面与好莱坞相接，在东面与太空堡垒相接，西面是运行中的轻轨，具体布置如图 3-17 所示。纽约大道是内环路的一部分，穿过纽约区。

纽约区有三幢主要建筑物，外墙原设计采用预制混凝土板外墙，这三幢建筑物是音乐厅、黑暗骑士 3 和演示厅。音乐厅与运行中的轻轨相接，墙上有广告牌，黑暗骑士 3 靠近纽约大街，街面都是立体外观装饰，演示厅同时面向纽约大街和太空堡垒大厅，外观装饰复杂，变化多，部分外观装饰的基础也直接连接在外墙上，并且有很多广告牌连接在外墙上。图 3-18 和图 3-19 为音乐厅、黑暗骑士 3 和演示厅的工程照片。

演示厅基础是筏基，开工稍早，音乐厅、黑暗骑士 3 都位于地下室顶板上，上部施工较简单，但对于演示厅，筏基和立体外观装饰的基础施工交织，外观装饰的基础和外墙板安装施工交织，施工更为困难。一个小小的纽约区三座主要建筑物同时开工，至少需要 6 台大型吊车，12 台升降车供外墙施工使用，如加上外观装饰和机电、四氟乙烯（ETFE）、

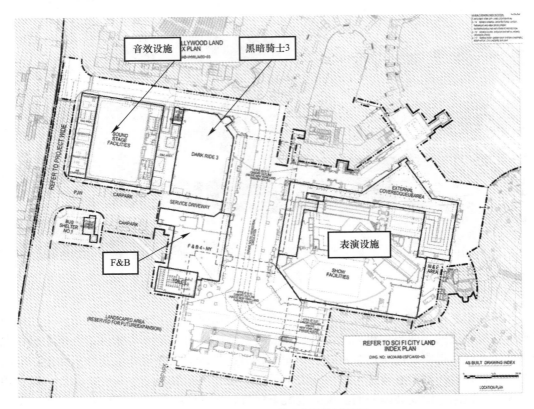

图 3-17　纽约区及附近建筑物平面图

图 3-18　纽约区的黑暗骑士 3 和音乐厅工程照片

图 3-19　演示厅及附近建筑物工程照片

钢结构的施工用机具，至少需 8 台吊车和 18 台升降车，这样即使部分占用临时道路，也无法解决，而且如占用临时道路，将会影响下游的好莱坞和马达加斯加区域的施工。

3.5　施工工期分析

新加坡环球影城的绝大部分主要建筑都设在大型地下室顶板上，而且好莱坞剧院、激流勇进 2、黑暗骑士 3 和音乐厅还局部位于两层地下室之上，地下室及其顶板的施工变成关键施工节点。

在主要建筑物区内，最后一块地下室顶板的封顶时间时留给好莱坞剧院、激流勇进 2、黑暗骑士 3 和音乐厅的工期仅为 6 个月时间。

主要建筑物施工关键节点时间　　　　　　　　　　　　　表 3-2

序　号	主要建筑物	钢结构安装		到竣工日的剩余时间（2010 年 10 月底）
		开始时间	结束时间	
1	黑暗骑士 2	10/25/2008	1/31/2009	9 个月
3	激流勇进 2	2/15/2009	4/18/2009	6.4 个月
4	演示厅	2/25/2009	4/23/2009	6.1 个月
5	4D 影院	3/25/2009	5/14/2009	5.5 个月
6	好莱坞剧院	4/5/2009	6/13/2009	4.6 个月
7	音乐厅	5/15/2009	6/14/2009	4.6 个月
8	黑暗骑士 3	6/23/2009	7/18/2009	3.4 个月

续表

序　号	主要建筑物	钢结构安装		到竣工日的剩余时间（2010 年 10 月底）
		开始时间	结束时间	
9	黑暗骑士 1	11/1/2009	12/20/2009	1 个月，到年底完成外墙施工
10	四氟乙烯（ETFE）13	7/25/2009	9/20/2009	—
11	四氟乙烯（ETFE）21	8/20/2009	9/28/2009	—
12	四氟乙烯（ETFE）11	9/17/2009	10/25/2009	—

从表 3-2 主要建筑物施工关键节点时间表的分析不难看出，在完成钢结构安装后，留给建筑物外墙安装、建筑外观装饰以及建筑物上方两边的四氟乙烯（ETFE）施工、道路施工的时间最长的也不过 8 个月，最短的仅为 6 个月。

如继续采用预制混凝土板外墙，所有的建筑外观装饰以及建筑物上方两边的四氟乙烯（ETFE）施工、道路施工都必须在完成外墙吊装并完成预制混凝土板的接缝处理后才能开始，如果按照古埃及城黑暗骑士 2 预制混凝土外墙板的施工速度，不考虑轻轨安全要求对吊装的限制，也不考虑没有吊装场地，那么至少需要 45d 时间才能完成一幢建筑物的外墙施工，那么留给所有的建筑外观装饰以及建筑物上方两边的四氟乙烯（ETFE）施工、道路施工的时间只有 4 个半月，几乎是一件不可能完成的任务。

3.6　交叉施工分析

所谓交叉施工是指某些分项施工在平面、空间和时间上的交叉重叠。对于任何一个工程项目，即使在平面和空间交叉相关，但如果有足够的时间，也完全可以按分项分部施工，逐步完成，就可以避免交叉施工，在工程施工中，通常交叉施工将不可避免地引起工程质量与安全问题，也会引起不必要的施工成本和人力、物力的浪费。

在表 3-3 中给出了环球影城项目主要建筑物交叉施工分析。由于新加坡环球影城工期紧，如果要按期交工，将不可避免要进行交叉施工，而且交叉施工现象十分严重，道路将会严重堵塞。

主要建筑物交叉施工分析表　　　　　　　　表 3-3

序号	主要建筑物	场地描述	工　期	交叉施工	安　全
1	激流勇进 2	部分建筑在两层地下室之上	6.4 个月	绿色屋顶，外墙直接和金属船形外观装饰相接，在排队区中还有漂流水道，排队区上设有聚四氟乙烯盖顶及过桥	西侧紧靠轻轨，不能使用吊车
2	演示厅	—	6.1 个月	绿色屋顶，外墙直接和立体建筑外观装饰及太空堡垒立体外观装饰相接，内部为两个大型表演水池，有盖排队区紧接主建筑	
3	4D 影院	部分建筑在地下室之上	5.5 个月	两个 4D 影院整个造型就是一个遥远王国，所有城堡都为立体造型外观装饰，绿色屋顶，外墙直接和金属船形外观装饰相接，有盖聚四氟乙烯在排队区位于主建筑物前	

续表

序号	主要建筑物	场地描述	工　期	交叉施工	安　全
4	好莱坞剧院	部分建筑在两层地下室之上	4.6个月	好莱坞剧院四周都是二次钢筋混凝土建筑，中间是好莱坞剧院，绿色屋顶，外墙直接和立体外观装饰相接，在好莱坞星光大道上方不是蓝色的天空，而是绿色四氟乙烯（ET-FE）	西侧紧靠轻轨，不能使用吊车
5	音乐厅	部分建筑在两层地下室之上	4.6个月	紧靠轻轨，建筑简单，但一边和黑暗骑士3建筑物相接，绿色屋顶	西侧紧靠轻轨，不能使用吊车
6	黑暗骑士3	部分建筑在两层地下室之上	3.4个月	一边与音乐厅相接，一边面向纽约大道，绿色屋顶，外墙直接和外观装饰相接	—

　　图 3-20～图 3-29 都是各区施工现场照片，从这些照片中可以体会到施工交叉，到处都是吊车和升降车，加上运输车，把临时施工道路堵得水泄不通。

图 3-20　好莱坞外观装饰、四氟乙烯（ETFE）交叉施工现场（一）

　　这都是施工工序复杂、工期紧张而造成的。

　　外墙的结构及相邻外观装饰的施工顺序为钢结构主结构、次结构、外墙板连接件、外墙板、外观装饰的主钢结构、次钢结构及外观装饰的连接件，在外观装饰背面还有防火墙，在外观装饰的正面有灯饰，在外观装饰和建筑外墙之间是绿色空调系统，加上管道和各种电线等，结构施工远超过 20 种，其施工工序超过 30 道，这仅列出外墙的施工结构和

图 3-21 好莱坞外观装饰、四氟乙烯（ETFE）交叉施工现场（二）

图 3-22 室内交叉施工现场

图 3-23　纽约区、好莱坞附近道路施工现场

图 3-24　好莱坞、马达加斯加区附近道路施工现场

工序，由于时间关系，在外墙施工的同时，屋顶的钢结构、防水、绿色屋面还必须同时抓紧时间开始，否则就没有时间开始室内装修。

　　另外，上面还有四氟乙烯（ETFE）顶棚，不仅要安装钢结构，还要安装测试四氟乙烯（ETFE）顶棚。地面上也是一样，下面是地下室顶板，顶板上是管沟，加双层盖板，管沟中是大量的管道和电线，图 3-29 是道路管道施工现场照片。

图 3-25　激流勇进 2 室内施工现场

图 3-26　黑暗骑士 2 室内施工现场

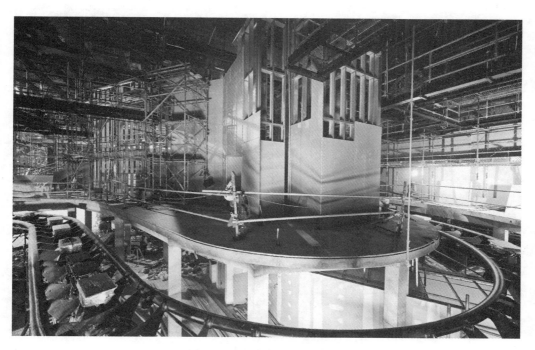

图 3-27 黑暗骑士 1 内部施工

图 3-28 纽约大街四氟乙烯 (ETFE) 施工现场

图 3-29　道路管道施工现场

当然，如果把四氟乙烯（ETFE）顶棚、外墙外观装饰、屋顶都施工完毕再开始道路施工是比较好的，但时间不允许，必须同时施工。

如果能有效地缩短各单项工程或单项结构和装饰施工的工期，可以减少施工交叉、降低施工成本，避免不必要的施工浪费，减少安全隐患。

同样，降低或减少使用重型施工机械，同样也可减少施工交叉，减少施工所占用的空间。

改变笨重的预制混凝土预制板，不仅可以缩短安装工期，而且可以避免使用重型吊车，避免占用场地。

3.7　安全施工分析

在新加坡环球影城西部有一条轻轨通过，为了保证圣淘沙岛上游客的正常通行，不影响圣淘沙岛的旅游业务，在环球影城施工时期，不停止轻轨正常运行，但在施工时期，对轻轨附近的施工活动、吊车使用，提出了更为严格的要求，在轻轨附近的 30m 范围内不得使用吊车，在此之外，如使用吊车，还须限制吊臂的方向，以免吊车在倒塌时毁坏轻轨（图 3-30）、砸伤游客，任何在轻轨附近的工作，都得提出申请，获得圣淘沙岛管理委员会的批准，使用吊车也必须事先向圣淘沙岛管理委员会提出申请，并获得批准，任何吊装工作必须有吊装督工、安全督工和轻轨专门督工看管。除此之外，在使用吊车前，还需拟定吊装施工方法，呈报工程业主、咨询公司和圣淘沙管理委员会，并获得批准。

在新加坡环球影城中，激流勇进 2、好莱坞剧院和音乐厅都沿轻轨布置，距轻轨大约 15m，如设计采用预制混凝土外墙板，使用 200t 的吊车，在邻近轻轨一侧，吊车按要求停

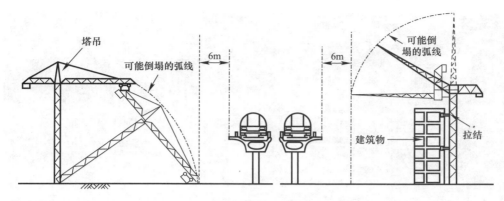

图 3-30　轻轨附近吊装设备倒塌示意图

在 30m 以外，也难以顺利地安装预制混凝土外墙板，大大增加了施工难度，也难以获得圣淘沙管理委员会的批准（图 3-31～图 3-33）。

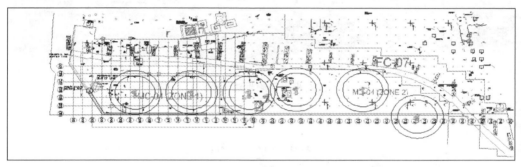

图 3-31　轻轨附近建筑物施工吊装设备布置图

图 3-32　好莱坞轻轨附近建筑物的施工现场

图 3-33　纽约街轻轨附近建筑物的施工现场

3.8　小　　结

　　本章前面分析了预制混凝土外墙施工要求，并就现场物流、施工场地、施工工期和交叉施工现象作了深入地探讨、分析，古埃及城黑暗骑士 2 是全场最早开工的主要建筑物，采用预制混凝土外墙板，它的设计、生产引起了业主和咨询公司的十分关注，从设计开始到大面积安装结束，耗费了 7 个多月。

　　由于混凝土预制板较重，必须使用 50t 以上的吊车来吊装，场地将会制约外墙板的安装进度，其余 8 个建筑物，除 4D 影院 1 和 4D 影院 2 有部分场地可供外墙板吊装外，其余建筑物都不能提供足够的施工场地供外墙板吊装，甚至没有合适的地方停放吊车，尤其是激流勇进 2、好莱坞影院和音乐厅紧靠轻轨列车，吊车使用受到严格限制，其安全申请手续非常费时、费力，要想按时安装混凝土预制板是不可能的。

　　混凝土预制板生产速度不能满足施工需求，开了两个预制厂，也不能满足施工进度要求。提高外墙板的生产能力，加速安装外墙板施工进度变成当务之急。

　　如能用轻质外墙板来代替笨重的预制混凝土外墙板，不仅可以加快施工进度，而且可以避免使用重型吊车，避免占用施工场地和临时通道，减低交通压力，还可以大大减少交叉施工。

4 外墙优化设计

4.1 工程施工优化特点

在通常意义下，优化设计是指在满足各种规范或某些特定要求的条件下，使设计的某种指标（如重量、造价、刚度或频率等）为最佳的设计方法。也就是在所有可用方案中，按某一目标选出最优设计方案的方法。

传统沿用的工程结构设计方法，是先根据经验通过判断给出或假定一个设计方案，然后用工程力学方法进行结构分析，以检验是否满足规范规定的强度、刚度、稳定、尺寸等方面的要求，如符合要求的即为可用方案，或者经过对少数几个方案进行比较而得出可用方案。而结构优化设计是在很多个、甚至无限多个可用方案中找出最优的方案，亦即材料最省、造价最低或某些指标最佳的方案。这样的工程结构设计便由"分析与校核"发展为"综合与优选"。这对提高工程结构的经济效益和功能方面具有重大的实际意义。目前常用的结构优化设计方法，主要有：力学准则法和数学规划法。数学规划分为线性和非线性两种，而结构优化设计中主要是非线性规划问题。目前的趋势是将准则法和规划法结合起来，研究更为有效的优化设计方法。

工程施工项目优化不同于一般结构设计优化，不管是土木工程还是房屋建筑，通常其边界条件都很复杂，与地域、合同、地形、地质、气候、市场、可用资源及周围环境等相关，从某种程度来讲，工程施工项目的优化问题很复杂，不能建立一个简单的数学模型，是一个多维空间时域问题，边界条件复杂，无法用类似于结构优化设计的方法，通过建立数学模型、假设确定边界条件、求解优化方程来解决工程施工项目的优化问题。

工程施工的优化有其自身的特点：

（1）复杂性：工程施工优化不仅仅是单一的数学优化问题，往往是数学和多方决策的过程；其优化对象可能是结构设计问题、建筑材料选择问题、场地布置、施工组织设计、施工顺序、施工方法等；而最佳优化目标不仅取决于数学计算、可行性论证，最终优化目标的确定是在一系列优化目标的基础上进行选择决策，所以说，工程施工优化过程是一种介于数学分析、论证与决策之间的过程，其优化决策过程往往涉及总包、业主、工程管理单位和咨询公司的决策。

（2）时域性：工程施工优化一般都是在给定的设计、场地、资源、当地规范和合同条件下开展优化，以达到节省工期、降低施工成本、提高工程质量的目的，开展施工优化的最佳时期是在投标阶段或在施工准备阶段进行，必须在给定的时间内完成施工优化，保证按时完成施工，否则就失去了优化的意义。

（3）综合性：工程施工项目优化通常包括施工组织设计优化、施工规划优化、外墙设计优化、临时支护设计优化、地基设计优化、材料选择优化、质量管理优化、成本控制优化、结构设计优化、建筑布置优化等；任何一种工程施工优化都与成本、质量、安全和工期相关，都会相互影响，所以，在开展工程施工优化时，必须综合考虑工程安全、质量、成本和工期，以及其优化本身的可行性。

（4）合同约束：工程合同通常分为工程总承包合同（不包设计、部分设计和建造）、设计建造等，这些总承包合同形式通常都规定了设计和建造要求、设计说明规程等，所有工程施工优化都受工程合同的约束，开展工程施工优化设计，必须研究工程项目合同。当某些工程施工优化涉及施工成本时，必须仔细研究工程项目总承包合同。

（5）管理约束：任何一个施工优化都需满足设计和施工技术规范，获得工程管理单位、业主和咨询公司的同意和批准，并按设计变更报批当地政府相关部门，并获得批准，其优化设计必须满足安全、环保和防火等要求。

这种比较优化往往问题简单、直观，可以通过简单的比较确定方案的优劣，但每一个方案都有一些特定的条件，这就是约束，或称之为边界条件。在这些特定的条件下，拟定新的方案，列出新方案的不足，并给出解决问题的方法或方案，确定新的设计方案，确定方案的比较，并最终确定设计方案，完成其优化设计。

图4-1为比较优化设计的基本流程。正是由于这些简单朴素的比较优化解决了大量工程优化设计、工程规划和成本控制、甚至是质量问题。所以在大量的文献中可以看到"设计优化"、"施工规划优化"、"质量控制优化"、"成本控制优化"，以及"施工管理优化"，这些都是工程施工中常用的解决方法。

图4-1　比较优化设计的基本流程

这似乎还不能真正建立工程施工的优化方法，这仅是一个普通的解决问题的流程。如何发现问题和找出问题，针对特定的边界条件来解决问题，这才是工程施工优化的关键，几个优化目标的比较只是一种判断而已。

4.2　工程施工优化方法

工程施工优化方法包括关键节点活动路线法、关键节点活动分析法、优化策略；其所使用的工具包括关键节点活动路线图、关键节点活动分析表、关键节点活动分析图。在工程施工优化中提出了基本名词，如优化任务、优化初始对象、优化目标对象和拟定优化目标等。

优化任务是指需要进行优化的结构、构件、装饰或产品等。通常我们在工程施工或投标过程中发现建筑结构、构件、装饰或设备、材料选择欠缺或不合理或可以选择替代方案，由于这些问题的存在会影响工期、成本，那么我们可以将其确定为优化任务。

优化初始对象是指优化对象的具体结构、构件、装饰或产品等。新加坡环球影城的原设计为预制混凝土外墙，那么预制混凝土外墙板将被视为初始优化对象，简称为优化对象。

优化目标对象也简称优化目标，是指通过优化所要达到的目标。

拟定优化目标是指在优化过程中初步选择的优化目标。

在新加坡环球影城项目中，由于预制混凝土外墙的设计、生产和安装给工期和成本带来了压力，希望能通过优化获得改善，其优化任务可以定为外墙；初始优化对象为预制混凝土外墙板，拟定优化目标对象有红砖、轻质砖、轻质蒸压加气混凝土板等；确定的优化目标对象是轻质蒸压加气混凝土板。

4.2.1 工程施工优化流程

施工优化设计流程与常规施工材料、设计、施工方法报批差别较大，图 4-2 是优化关

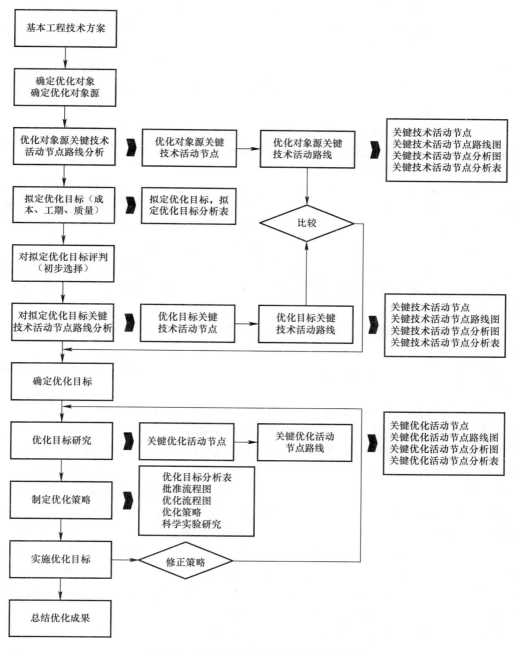

图 4-2　优化关键节点路线法的基本流程

键节点路线法的基本流程图，详细说明了工程施工优化的相关因素和方法及其流程，对成功实施工程施工优化将起关键作用。工程施工优化的全过程通常可以分成18个阶段：

（1）分析酝酿：这是工程施工优化设计的最初阶段，也可称作优化原始阶段，此阶段的主要特点是发现问题、激发优化。在古埃及城外墙的设计、生产、安装过程中，我们清楚地意识到在新加坡环球影城中使用预制混凝土板将有很多致命的弱点，预制混凝土板非常重，钢结构的荷载过大，建筑安全问题会受到挑战；机电和设备设计速度慢，不能按时提供设计信息，严重阻碍了按时完成外墙设计工作，不能在合理的时间点上把外墙设计图纸交付给生产厂家；预制混凝土生产厂家的生产能力不足；而且安装需要使用大型机械，需要大量空地，这将无法在规定的工期内完成后续的主要建筑物，我们将会面对每天数十万元的罚款，集团声誉也会大大受损；两外还有3个主要建筑物紧邻轻轨列车，不能使用大型吊车，如何吊装数吨重的预制混凝土板也是一个难题。由此可见，我们必须优化外墙的墙体设计与施工。

（2）深入分析：经历了原始的优化冲动后，我们需要对原设计进行深入分析，找出问题的症结，这就要使用工程施工关键技术路线图，并绘制工程施工关键技术活动分析图，找出关键因素，确定优化对象和优化目标。

（3）初步选择优化对象：分析了关键技术路线和关键活动节点，确定了优化对象和优化目标后，自然便知选择什么样的新设计了。在此阶段就是要集思广益，初步选出几种新的外墙材料，并比较分析。所选材料必须满足设计要求，能克服预制混凝土板的缺点或大部分缺点，并选择供应厂商或专家，以便进一步获取专业信息和专业知识。

（4）深入分析优化对象：选择了优化对象后，便可采用关键路线法来深入分析优化对象，列出所有的关键技术活动，通过分析，确定所开展的优化设计是否能达到预期的目标。

（5）初步推介优化对象：经历了前面四个阶段，我们已从技术、生产、运输、施工方面确定了优化对象和优化目标，但这是优化的开始，而不是结束，更谈不上完成优化。一个成功的优化必须获得业主的首肯，获得咨询公司的同意，这样我们的优化工作才能得以实现。

在此阶段我们需要把我们对优化的对象目标介绍给业主和咨询公司，当然没有一个咨询公司会立即给出肯定的答复，但我们必须了解业主和咨询公司所关心的问题，了解他们对优化工作的担心，以及他们所需要进一步了解的信息和文件，同时在此阶段通过沟通，说明意图，也让业主、咨询公司了解我们的工作。

（6）推介优化对象：经过初步推介优化工作后，我们便可以开始针对业主和咨询公司所关心的问题作正式介绍，此介绍必须严肃认真，必要时可以让专家、供应商出面。同时我们还可以安排业主和咨询公司人员参观生产工厂和已建工程。

在外墙板的优化过程中，我们邀请中国生产厂家来新加坡向业主和咨询公司人员全面介绍了ALC轻质外墙板的性能、质量和大量工程实例，虽然业主和咨询公司对ALC轻质外墙板了解并不多，但我们在介绍中还给出了在西方国家和日本的使用情况，让业主和咨询公司大为放心。我们还先后安排业主和咨询公司主要人员参观了中国的生产厂家和多个工程实例，让业主和咨询公司人员放心、安心，肯定产品的质量和厂方的生产能力。

（7）优化计划：获得业主和咨询公司的初步认同后，必须趁热打铁，计划好所要开展的优化工作。优化计划主要包括材料报批、概念设计、墙体设计、生产、运输、安装。在此阶段还必须成立优化公关小组，制定优化公共实施方案，保证优化工作顺利进行。

（8）材料报批：材料报批工作非常重要，如果业主同意，建筑师批准了新的替代材料，这意味着业主和咨询公司同意了我们的优化设计，所以报批材料必须事先和业主及建筑师沟通，了解他们的需要和问题，有针对性地呈报材料样品和相关文件，如当时有做不到的事，必须如实告知，并作出承诺，按时实现承诺。在整个材料审批中，业主和建筑师将起着举足轻重的作用，有效的沟通将能帮助我们快速获得材料的批准。

（9）概念设计：概念设计是一种控制性关键设计，把所要进行的关键性的设计呈现在设计图中。对于外墙的概念设计，就是要把 ALC 轻质加气混凝土板与钢结构连接设计、板的接缝设计、防水设计、门窗洞口，以及其他管道洞口和业主、建筑师所关心的问题呈现在概念设计中，让咨询公司去批准。其实，概念设计是另一种沟通，是在正式开始外墙设计的另一种以图纸为媒的沟通。虽然概念设计不是针对具体建筑物，但它却是代表性的设计，做好概念设计等于确定了设计。

（10）制造和质量计划：为了保证优化工作的有效实施，通常业主和咨询公司都会要求供应商提供制造和运输的计划，并确认这一计划能有效地帮助我们提前完成外墙施工。

（11）运输计划：因为在海外制造，其制造和运输都显得十分重要，供应商应提交制造和运输的方案，包括质量控制方法。

（12）优化策略：优化策略是一种优化大计，把优化的原始对象以及优化目标对象的关键问题分门别类，列出有关问题，分阶段开展优化，以便早日进入优化阶段，赢得优化工作时间。在新加坡环球影城外墙的优化中，我们开始先集中解决材料问题，再解决防水、隔声和安装问题。

（13）试验验证：对于普通的优化化设计并不存在优化设计的试验验证，通常当我们所开展的优化设计超出常规，就必须进行试验研究，以证明我们的优化设计。在新加坡环球影城外墙的优化设计中就做了大量试验研究，来验证 ALC 轻质加气混凝土的特性和防火、隔声性能，并研究验证了复合墙板的隔声性能。安排试验必须注意时间要求，合理安排试验，大部分试验需施工安装前完成，以证明优化设计的可行性，但有些试验报告则可以在竣工验收前提交，如 ALC 轻质板的防火试验报告。

（14）优化管理措施：业主和咨询公司即使批准了材料或概念设计，但不等于完成了优化设计，恰恰相反，优化工作才正式开始，我们必须严格执行优化工作计划，使用优化工作关键路线法，理出所有优化关键路线上的关键优化活动，逐一分析研究，并制定优化管理措施，保证我们的设计速度、制造速度、运输速度，咨询公司的批准、安装及试验证明都能满足设计和施工要求，满足优化过程中的承诺。

（15）安装方案：安装方案包括安装工法、安全措施以及安装工具，必须借助于工艺商的力量，制定安装方案。

（16）质量管理：优良的质量将是优化工作成功的基本保证，优化工作的质量管理将贯穿整个优化工作，所有呈报文件、材料选择、生产运输、安装、防水和隔声施工、洞口处理等，不要把优化质量限于施工质量，要特别注意生产和运输，以及文件和设计，它们都会影响优化的质量，要制定相关的质量管理措施，并开展检查。

（17）现场质量检查：现场质量检查包括两类，一是例行的质量检查，随安装工作进度开展，通常有业主委派现场工程师检查验收；二是现场试验，需委托专业试验公司进行，在新加坡环球影城外墙优化中，我们在现场进行了隔声、防水和拉拔测试，以确定所安装 ALC 轻质加气混凝土墙板的质量。

（18）优化成果验收与总结：优化是一种改善，其过程是一种探索，结果是智慧的结晶，所以必须完成优化工作的最后阶段，完成优化总结推广。

工程竣工验收是对优化成果的一次全面检查，它不仅是对质量的检查，而且是对试验研究成果的检验，如在竣工验收前，必须完成防火试验和隔声试验，方能通过新加坡 BCA 和 FSSD 的验收，获得竣工证书。

4.2.2　工程施工优化关键技术路线

前面我们集中分析了预制混凝土板的设计、施工，以及 ALC 轻质加气混凝土板的优化工作，那么如何使新加坡环球影城的优化工作保证达到优化的目标，真正做到减轻荷载，在没有施工场地的情况下加快施工进度的目的，同时采用 ALC 轻质加气混凝土不能以牺牲外墙的功能和质量为代价。

图 4-3 是工程施工优化关键技术线路图，在关键技术线路中列出了优化工作关键活动节点和关键路线，工程施工优化关键技术线路图是制定优化策略和优化技术管理的根本。

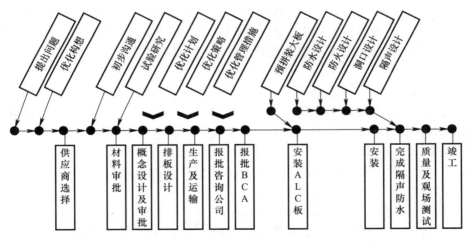

图 4-3　工程施工优化关键技术路线

图 4-4 和图 4-5 分别为原预制混凝土外墙板的设计施工关键节点路线和 ALC 轻质外墙板的关键节点路线图，这种关键节点路线路可以帮助我们快速分析优化对象和优化目标，并有效地找出优化的关键问题，成功实施工程施工优化，使我们能在众多复杂的工程问题中快速有效地发现问题，找出问题的关键。从优化原始对象关键技术活动路线到优化目标对象关键技术活动路线的变换是工程施工优化的关键，在这种优化变换过程中，原来在原始对象关键技术活动路线上的关键活动，在优化目标对象工程施工关键技术活动路线中消失了，正是由于这种消失，我们实施了优化，解决了问题。

从新加坡环球影城外墙的优化中可知，原出现在预制混凝土板关键技术活动路线中的

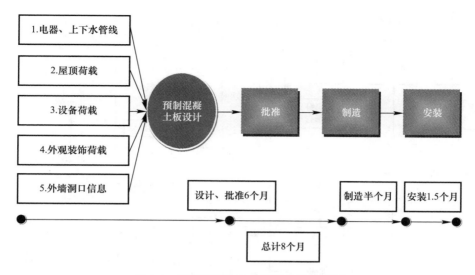

图 4-4 原预制混凝土外墙板关键路线图

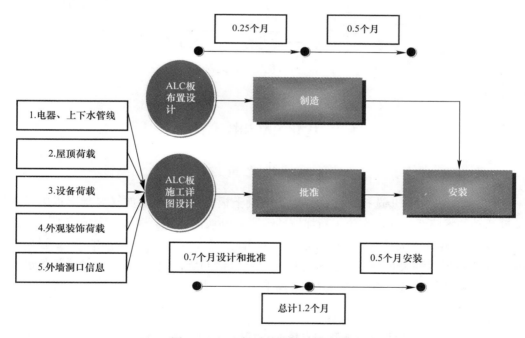

图 4-5 ALC轻质外墙板关键路线图

洞口设计信息、生产、安装等关键活动，在 ALC 轻质加气混凝土板关键技术活动路线上都消失于无形，这就是优化，成功地达成了优化目标，同时还大大降低了成本。

　　根据工程施工优化关键技术线路图，我们可以针对外墙优化问题，描述外墙优化的具体流程，以便加强外墙优化技术管理。图 4-6 是新加坡环球影城外墙优化设计流程图，描述了在新加坡进行外墙优化的设计、施工过程。

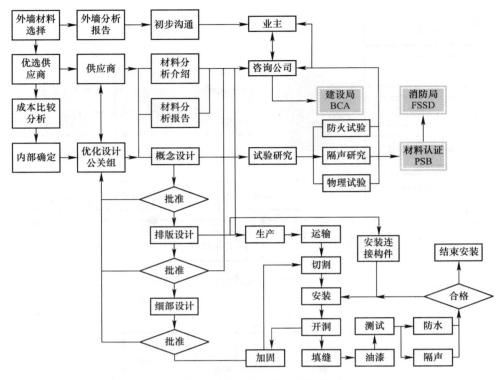

图 4-6　外墙优化设计流程图

4.3　优化策略和技术管理

4.3.1　优　化　策　略

如前所述，通过初步选择、比选、预制混凝土板和 ALC 轻质加气混凝土板的工程施工关键活动技术路线变换，实施了新加坡环球影城外墙的优化。表 4-1 为预制混凝土板和 ALC 轻质加气混凝土板基本性能的详细比较，由此可知，经优化而选择的 ALC 轻质加气混凝土板的确可以解决预制混凝土板外墙的一些致命问题，但由于 ALC 轻质加气混凝土板本身的材料特性决定了需采用特定的施工工艺，因此在某些方面不如预制混凝土外墙板。

预制混凝土和 ALC 轻质加气混凝土板基本性能比较表　　　　表 4-1

指标	预制混凝土板	ALC 轻质加气混凝土板	比较说明
厚度	150mm	150mm	
单块板面积	约 10m²	约 3m²	ALC 轻质加气混凝土板的宽度较小，仅为 600mm，设计接缝较多，不如预制混凝土板
自重	360kg/m²	75kg/m²	ALC 轻质加气混凝土板远比预制混凝土板轻，解决了使用预制混凝土板无法解决的荷载和结构安全问题，这就是我们所要的

指标	预制混凝土板	ALC轻质加气混凝土板	比较说明
隔热	隔热性能好	隔热性能比较好	隔热性能优于预制混凝土板
隔声	STC55	STC32	隔声效果不如预制混凝土板，尤其是在低频部分，隔声效果较差，对于隔声要求为STC50、STC55、STC65的墙体还需要进行新的优化设计
防水	板材防水性能好	板材防水性能一般	ALC轻质加气混凝土板的防水性能不如预制混凝土板，需要采取相应的技术措施
设计	必须有洞口、荷载设计信息，设计等待时间长，严重影响生产	设计无需等待，只要完成排板设计，便可组织生产	ALC轻质加气混凝土板的设计过程比预制混凝土板简单，可以先组织生产，再在现场切割
生产与运输	在新加坡和马来西亚生产，没有运输问题，但两个厂家的生产能力都不足	在中国生产，一个月时间便可完成所有外墙板的生产，制造能力不是问题，但要从中国运到新加坡，路途遥远，必须注意运输问题	采用了ALC轻质加气混凝土板，解决了业主担心预制混凝土墙板生产能力不足的后顾之忧；由于在中国生产，运输路途遥远，必须做好运输管理工作
安装	必须使用重型吊车，需要占用大片场地、道路	可以使用吊车，也可以使用小型吊装工具，不一定要占用大片场地	新加坡环球影城项目工期紧、场地紧、空间紧，交叉作业严重，采用ALC轻质加气混凝土板除掉了项目按时竣工的拦路虎
成本	成本较高	成本较低	在成本方面，ALC轻质加气混凝土板比预制混凝土板简单，有无比拟的优越性

　　采用ALC轻质板代替预制混凝土板后，确实解决了根本问题，但也带来了一些新的问题，如ALC轻质墙板的隔声问题、外墙防水问题、能否进一步提高施工效率问题，对此必须一一解决。但不能等所有问题都解决了才确定选用ALC轻质墙板替代预制混凝土板，由于设计、采购、生产、运输、施工、试验都需要时间，时间不等人，因此必须从总体上分析研究，先确定关键的优化，即采用ALC轻质板，再实施分步优化来解决一系列相关优化问题，这就是分步优化策略（图4-7）。把整个外墙优化分成4步来实施，循序渐进，直至成功。这种优化策略便于集中精力解决主要问题，有效管理和控制优化过程和时间，在有效的时间内实施优化。

　　新加坡环球影城主要建筑物外墙优化的4个步骤详述如下。

　　（1）优化采用轻质ALC外墙板

　　实施环球影城外墙材质的优化，用轻质预制ALC板代替笨重的预制混凝土外墙板，可减轻钢结构外墙的重量，加快设计，解决工厂化生产问题，图4-8是外墙墙体材料优化图，说明了优化效果。

　　（2）隔声优化设计

　　针对ALC轻质加气混凝土板隔声能力不足的缺点开展外墙的隔声优化。

　　ALC蒸压加气混凝土板是一种轻质板，其质量只有普通混凝土板的五分之一；从隔声原理来讲，质量越大，其隔声效果越好，可见ALC轻质墙板的隔声能力不如预制混凝土墙板，尤其对低频声源，其隔声能力更差，大约在STC30左右，不能满足设计要求，

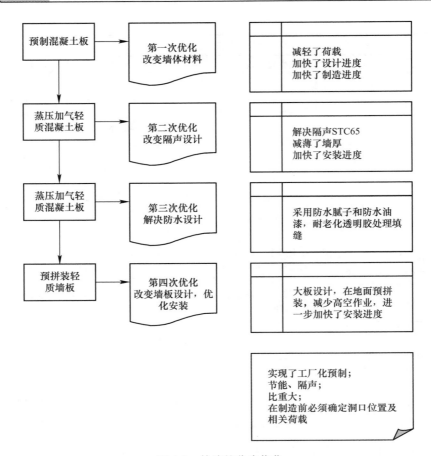

图 4-7　外墙的分步优化

150mm预制混凝土板

150mmALC板

优化前：
对钢结构而言
设计信息不足
设计周期长
供应商生产力不足
需要重型吊车
没有足够的地方安装外墙板
每人每天安装8m^2

优化后：
无外架
无需吊车
可以在狭小的地方安装
墙重减轻75%
每人每天安装12m^2

图 4-8　外墙墙体材料优化图

严重影响了新加坡环球影城外墙的优化设计。

为了改善 ALC 轻质加气混凝土板在低频区的隔声性能，我们摒弃了原轻质石膏板的设计方案，采用质量较大的金属岩棉复合板材作为外墙的隔声主材，金属岩棉复合板中的金属板面质量大，可以弥补 ALC 轻质板对低频声源的阻隔缺陷，而且工厂预生产复合板可以减少现场施工压力，提高安装效率，图 4-9 是轻质墙体隔声优化断面图。新加坡环球影城中好莱坞剧院、4D 影院和音乐厅，设计隔声要求 STC65，原设计采用岩棉与石膏板等多达 12 层，施工繁琐，我们选用了 2 层金属岩棉夹芯板与 2 层石膏板组合，仅 5 层。金属岩棉夹芯板重量小，方便吊装，且石膏板可直接固定于金属岩棉夹芯板上面，无需另加骨架，方便施工，大大缩短了工期。

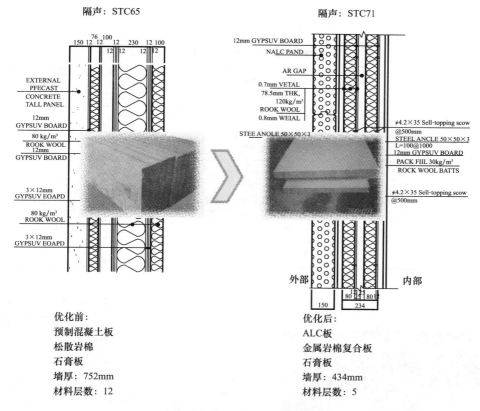

图 4-9 隔声墙体优化断面图

（3）防水优化设计

针对 ALC 轻质加气混凝土板材自身防水功能不足的缺点开展外墙的防水设计。关于外墙防水问题，很多工程实例都给出了很好的解决方法，比如采用防水腻子和防水油漆。虽然 ALC 轻质加气混凝土板材自身的防水功能不如预制混凝土板材，但经防水处理后的 ALC 轻质加气混凝土板的防水功能完全可以满足设计要求。只要把防水问题纳入设计和施工管理中，就可以保证 ALC 轻质加气混凝土板的防水功能。

（4）预拼装 ALC 大板

针对 ALC 轻质加气混凝土板材宽度较小、接缝多。预拼装大板设计的基本概念是在地面用钢结构框架或钢梁把数块 600mm 宽的蒸压加气混凝土小板拼装连接在一起，每块小板之间的接缝可以在地面处理完毕，并可在地面完成表面防水处理和油漆工作，再把拼装好的大板吊装在建筑物结构上。采用预拼装大板后，在空中仅需处理大板周边的接缝即可，其空中作业量仅相当于一块小板的安装工作量。图 4-10 是大板预拼装优化图，采用预拼装大板，不仅可以减少高空作业、保证施工安全、减低施工成本，而且可以加速施工、提高工效。

ALC 轻质墙板与预拼装大板的性能比较表　　　　　　　　　　　表 4-2

序 号	外墙板	优 点	缺 点
1	600mm 宽 ALC 轻质墙板	工厂化预制复合墙板； 隔声设计灵活，调整墙体的厚度和板材，可以调节隔声设计能力； 采用金属岩棉复合板，弥补了轻质蒸压加气混凝土板低频隔声能力不足的缺点； 隔声设计能力强，可达 STC71；解决隔声 STC65 减薄了墙体厚度； 节能； 轻质； 节材； 安装施工方便、快速； 无需搭设安全脚手架	蒸压加气轻质混凝土板易碎，需要加强运输保护措施；加强施工安装保护措施
2	预拼装轻质墙板	工厂化预制，生产速度快； 节能； 可以在现场拼装，也可以设立流水拼装工作平台，实现拼装流水作业； 在地面完成拼装缝的填补； 在地面完成防水处理工作； 无需搭设安全脚手架	蒸压加气轻质混凝土板易碎，需要加强运输保护措施；加强施工安装保护措施

600宽小板　　　　　　　　　　　　　　　预拼装大板

优化前：
每人每天安装12m²

优化后：
每人每天安装42m²

图 4-10　大板预拼装优化图

4.3.2　优化技术管理

工程施工优化完全不同于一般的优化设计，一般的优化设计通常在工程招标前或在设计方案比选时实施优化，优化时间较宽裕，仅由业主和设计咨询公司研究决定，涉及面小，有时甚至几个人就可以商定，但对于工程施工优化，通常是成本、质量和时间的较量。任何一种工程施工优化必定涉及业主的利益和咨询公司的批准，以及当地政府部门的批准，所以说工程施工优化是一个复杂的特殊工程设计与施工过程。

任何一个工程施工优化方案，尽管会十分优越，能加快施工进度、提高质量、降低施工成本，但如果操作不当，不能在有限的时间内说服业主，让咨询公司批准优化提议和设计，不能在有效的时间内提出优化方案、完成优化设计、获得相关方面的认可，并按计划完成施工，那么最好的优化方案都将毫无意义。

由此可知工程施工优化不仅是数学、材料、设计或施工问题，而且是一个复杂的系统工程，因此必须采取有效的策略和优化技术管理方法，具体措施如下：

（1）充分分析研究优化原始对象预制混凝土板墙和优化目标对象的优缺点。

（2）充分理解合同有关变更的技术要求。

（3）做好优化目标对象轻质加气混凝土板在当地的市场调查，并分析原因。

（4）充分解读设计规范和当地政府对优化目标对象轻质加气混凝土板的要求。

（5）分步开展优化。

（6）在优化工作正式开始前，应首先与业主和咨询公司沟通，非正式地提出目前存在的问题和想法。此沟通非常重要，因为优化设计过程较长，涉及材料特性、试验证明、生产厂家、概念设计等一系列的问题，初步沟通可以有效地缩短优化时间。

（7）抓紧时间选择供应商，供应商是专家，可以帮助我们一起说服业主和咨询公司。

（8）要选择优秀的供应商，可以给业主和咨询公司信心，容易获得业主和咨询公司的认可，好的供应商将可以帮助业主和咨询公司快速批准优化设计。

（9）让供应商直接与业主和咨询公司见面，便于说明介绍，当面回答业主的问题，让业主和咨询公司放心。

（10）必要时让业主和咨询公司代表参观生产厂家以及应用工程实例，让专家说话、让事实说话。

（11）在完成了以上步骤后，工程施工优化工作必须进入实战阶段，首先是制定优化策略和时间表，列出所有业主和咨询公司所关心的问题。

（12）准备必须呈报的资料和试验数据及工程实例等必备资料，并在供应商的协助下完成概念设计，并呈报给业主和咨询公司批准。

（13）在获得批准后，应快速确定供应商，确定生产、运输计划，制定质量控制方案。

（14）成立优化协调指挥部，统一协调采购、生产、运输和安装事务。

（15）成立优化公关小组开始优化设计，专人管理，保证按时完成设计。

（16）针对业主和咨询公司的要求早日安排试验。

（17）呈报施工方法。

（18）及早做好施工准备。

（19）严格控制施工质量。

以上所述仅为一般工程施工优化策略和方法，每一个工程施工优化都有特定环境和边界条件，我们必须认真分析制定具体的优化策略，才能保证成功实施优化。

4.4 围护墙体系的试验论证

完成优化设计后，必须有效验证所采用的优化设计，保证优化设计符合合同技术要求，满足当地设计规范，ALC 轻质加气混凝土板完全在中国生产，厂商已建立了完善的质量管理系统，质量通过 ISO 认证，已大量出口到日本。其测试主要按中国标准进行，在新加坡环球影城项目中采用英国标准，其防火按新加坡标准验收，而且新加坡建设局 BCA 已建立了一套产品论证标识制度，如绿色材料、防火材料、隔声材料等等。

ALC 轻质加气混凝土板第一次进入新加坡，必须通过新加坡的论证，确认其材料的物理、力学特性，确认其防火和隔声性能。

新加坡环球影城主要建筑物外墙都有防火和隔声要求，在竣工验收前必须获得新加坡 PSB 的材料标识，其外墙材料必须满足防火设计和隔声要求。

表 4-3 所示为 ALC 轻质加气混凝土板的试验情况，共 6 组试验，表中还给出了简单说明和所使用的规范。这些试验可以分成以下几部分：

ALC 轻质加气混凝土板的试验 表 4-3

序　号	试验论证	目　的	说　明
1	常规材料试验	出厂测试	供应商常规测试
2	连接件测试	出厂测试	供应商常规测试
3	板材抗弯试验	出厂测试	供应商常规测试
4	基本板材隔声试验	出厂测试	供应商常规测试
5	基本板材隔声试验	出厂测试	供应商常规测试
6	板材隔声试验 1	初步验证板材的隔声性能	按中国规范在中国测试
7	复合板材隔声试验 1	初步验证板复合板材的隔声性能	按中国规范在中国测试
8	材料物理试验	用于在新加坡注册 ALC 轻质加气混凝土板	按英国规范在新加坡测试
9	板材隔声试验 2	（1）用于在新加坡注册 ALC 轻质加气混凝土板； （2）验证板材的隔声性能	按英国规范在新加坡测试
10	材料的基本物理性能测试	用于在新加坡注册 ALC 轻质加气混凝土板	按英国规范在新加坡测试
11	材料的化学性能测试	用于在新加坡注册 ALC 轻质加气混凝土板	按英国规范在新加坡测试
12	材料的含水量测试	用于在新加坡注册 ALC 轻质加气混凝土板	按英国规范在新加坡测试
13	板材防火试验	（1）用于在新加坡注册 ALC 轻质加气混凝土板； （2）验证板材的防火性能	按英国规范在新加坡测试
14	复合板材隔声试验 2	验证复合板材的隔声性能	按英国规范在新加坡测试
15	现场拉拔测试	证明板材的抗拉拔能力满足结构设计要求	按英国规范在新加坡测试
16	现场防水测试	证明外墙防水性能满足设计要求	按英国规范在新加坡测试
17	现场隔声测试	证明外墙隔声性能满足设计要求	按英国规范在新加坡测试

（1）基本试验：1 到 5 为板材的基本性能测试，由厂商自行完成，其中板材的抗弯测试必须按生产批次进行，随出厂交货单提交总承包商，是产品性能证明的一部分，这些都需呈报给业主和总承包商。

（2）隔声试验研究：我们不仅优化替换了外墙的墙体材料，而且改变了隔声墙的结构设计，完全采用了全新的金属岩棉复合板，虽然可以使用计算公式对其进行验算，但必须经过试验论证，隔声优化设计只是从理论上解决了 ALC 轻质加气混凝土板与金属岩棉复合墙体的隔声问题，为了验证效果，我们对 ALC 轻质加气混凝土板、岩棉复合墙体进行了多次试验研究，不断调整设计，其最终设计试验结果达 STC 71，取得了圆满成功，由此还免去了隔声墙体现场实体测试。

（3）获取材料注册登记试验证明：为了能在新加坡 PSB 注册登记 ALC 轻质加气混凝土板，通过消防局的防火验收，获得竣工证书，我们按英国规范测试了 ALC 轻质加气混凝土板材的基本物理性能、化学性能、含水量以及板材防火试验。

（4）获取施工质量测试证明：为了证明外墙的防水、隔声和抗拉拔能力，根据合同技术文件，我们在现场测试了 ALC 轻质加气混凝土板的抗拉拔能力，并对每一座建筑物外墙测试了隔声效果和防水效果。测试结果非常令人满意，通过了业主和设计咨询公司、美国环球影城咨询公司的验收，ALC 轻质加气混凝土板外墙满足并超过了设计要求，完全说明了外墙优化设计的成功。

4.5 优化设计分析

新加坡环球影城外墙的优化是一个复杂的多目标分步优化案例，我们先后共进行了四次优化，整个优化过程是一个创新与综合的技术管理过程，并通过大量的技术论证和试验论证，使用优化关键技术路线分析了预制混凝土板和 ALC 轻质蒸压加气混凝土板的设计、生产和安装的关键技术路线（图 4-4 和图 4-5）。对于任何工程施工优化，我们都可以首先理出关键技术活动节点，找出一条或几条关键技术活动路线，一旦确定了关键技术活动节点和关键技术活动路线，就完全确定了设计及施工方案的关键技术问题，再设定优化目标，拟订新方案，而拟订的新方案必须具有旧方案的基本功能，并具有一定的优点，虽然还存在一些缺点，但不能因此而放弃优化，完全可以采用分步优化的策略来解决问题。

工程施工的优化不仅仅是数学问题，它必须和工程项目管理有机地结合，必须和业主、设计咨询公司共同努力，使用工程施工优化关键路线法分析优化原始对象和优化目标对象的关键活动和关键路线，加快优化设计，有效地确定优化目标对象，建立有效的优化策略、制定优化流程和优化技术管理措施将有助于成功实施优化工作。

工程施工关键活动路线法可以用于分析研究优化对象的设计、施工、验收的全过程，找出相应的关键路线和关键技术活动，但工程施工的优化问题往往涉及成本、工期、质量和当地规范，任何一个工程施工优化问题，不仅仅是一个优化技术问题，必须制定工程施工优化策略和优化技术管理措施，有效管理施工优化。

在工程施工优化中，所使用的材料需要呈报和批准，需要有试验验证、质量控制方案，并通过政府验收和现场技术检验，这是施工优化过程中不可或缺的重要环节，不可忽略。

外墙优化的成功实施，使整个外墙工期缩短了 6.75 个月，其中外墙设计时间缩短了 3.3 个月，安装时间缩短了 2 个月，制造时间缩短了 1 个月（图 4-4、图 4-5）。图 4-11 为新加坡环球影城优化设计成果图。

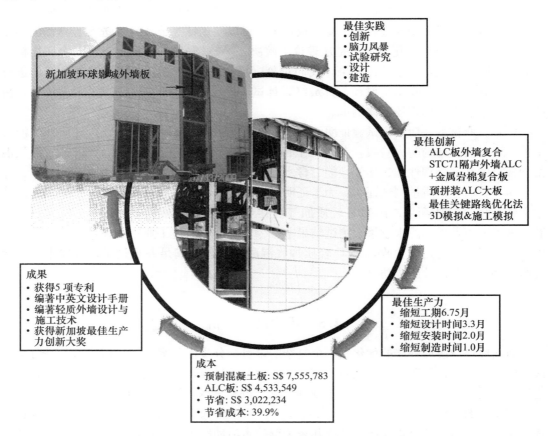

图 4-11　新加坡环球影城外墙优化设计成果图

在新加坡环球影城外墙的优化过程中，我们创造了多个首次：

（1）首次在新加坡使用 ALC 轻质加气混凝土板；

（2）首次在环球影城项目中使用 ALC 轻质加气混凝土板；

（3）首次把中国的绿色建材 ALC 加气混凝土板引进新加坡；

（4）首次解决了隔声要求 STC65 的 ALC 加气混凝土板多功能复合墙板的设计与试验研究；

（5）首次设计并解决了大型外装修和轻质加气混凝土外墙板衔接的技术难题。

正是由于我们在新加坡环球影城中通过优化设计，采用了 ALC 轻质加气混凝土复合墙板技术，克服了原设计采用的预制混凝土板的许多致命弱点，解决了荷载过大和结构安全问题；把原处于项目关键施工路线上的外墙施工，变成非关键活动；采用轻型安装设备，避免占用紧缺的施工场地，让后续工程提前施工，为交叉施工赢得了时间和场地，保证了新加坡环球影城按时竣工。

本工程经济效益巨大，环保节能和社会效益明显，并因此优化获得了新加坡政府的最佳生产力创新金奖。采用的轻质外墙板由于自重轻，减少了支撑钢材；施工方便快捷，对设备和场地的要求不高，不仅节省了大量时间，也节省了大量人力物力。

4.6 小　　结

　　本章分析了工程施工的特点，提出了工程施工项目的优化设计方法，结合新加坡环球影城主要建筑物外墙的优化设计问题，详细说明了工程施工关键活动路线法优化方法。采用该方法，分析研究了古埃及城黑暗骑士2预制混凝土外墙板设计施工活动的关键活动及关键路线，找出影响预制混凝土外墙设计和施工的关键因素，并提出对预制混凝土外墙开展优化的构想。通过初选外墙材料，集中分析研究了蒸压轻质加气混凝土外墙板的设计和施工关键活动及其关键路线，从预制混凝土外墙施工关键路线变换到蒸压轻质加气混凝土外墙板施工关键路线，变换之后，原来在预制混凝土外墙施工关键路线上的关键活动消失在蒸压轻质加气混凝土外墙板施工关键路线中，成功实现了对新加坡环球影城外墙的优化。

第二篇 围护墙体系设计

5 建筑围护墙体系技术

5.1 外围护墙体系技术要求

外围护墙体系统应该防水和抗季节变化，能承受动荷载和静载，可以承受基底移动和热效应引起的延展和收缩。

1. 防水

外围护墙体系必须100％防水，且排水系统不能对永久性工程造成损害。在不能安装密封条和垫圈的情况下，应确保系统服务年限的有效性。

2. 隔热

外围护墙体系的热传导应满足当地政府部门相关要求。应绝缘并密封到与之相连的边框或者面板上，防止与边框或面板之间由于冷缩造成空隙。

3. 密封性

除排水连接系统的要求外，空气密封的设计和安装应确保对空气过滤降到最小。

4. 结构要求

外围护墙体系所有部件的设计应包括其能承受加之其上的荷载，包括风力导致的弯曲、松脱，确保不影响周边建筑使用功能。计算和施工详图中应该提交全部结构计算。各专业间紧密协调，确保获得全部基础结构的信息。材料和部件应能承受全部施加的荷载。

（1）静载：计算应包括预制混凝土板全部自重及部件的全部重量。

（2）动载：

除全额静载和25％设计风载外，预制混凝土板的设计动载应承担以下全部荷载：

1）水平面上每处的点荷载（100mm×100mm）：1.15kN。

2）梁所承受的向下或向外的线性荷载：0.79kN/m。

以上动载不需要叠加。

（3）其他荷载：以下是设计加之于预制混凝土板的荷载。

1）临时施工荷载：部件的强度、硬度和尺寸以及固定件应能满足施工要求。外围护墙体系的设计应能承担所有施工荷载而不引起过载和弯折。不允许任何施工引起的板面、支柱等的变形。

2）主题装饰荷载：建筑外部装饰会达到主题公园效果，预制混凝土板的设计应能承受这一荷载。

5.2　隔声墙体系技术要求

（1）通则：确保外围护墙体系的防水性并达到音效咨询公司的隔声要求。

（2）自发噪声：设计和安装外围护墙体系应确保不论是风载、动载还是设备或清洁工作都能提供无噪声效果。

隔声墙体系中所有的门都应具备可选的 STC 值。同时，门的尺寸也应在建筑图或门的安装方案中标出。当有要求时，所选用的门应能满足相应的防火等级要求。承包商与门供应商应提供相应的测试认证，以证明门的防火等级。

6 墙体主要材料及其性能

6.1 蒸压轻质加气混凝土（ALC）外墙板

蒸压轻质加气混凝土（Autoclaved Lightweight Aerated Concrete，ALC）是以生石灰、硅砂、水泥为原料，以铝粉为发泡剂，经过特定的工艺流程处理后，在高温、高压蒸汽养护下获得的多孔硅酸盐制品（图 6-1）。20 世纪 30 年代初，在瑞典马尔摩市就研制出了这种建筑材料，并在欧洲逐渐推广使用。20 世纪 60 年代初，日本开始引进了这套 ALC 产品制造技术，并结合本土的研究和条件进行了进一步开发，使 ALC 产品性能和实用技术不断提高，在日本广泛使用，成为新型的环保建筑材料。我国是涉足加气混凝土领域较早的国家之一，但由于种种原因，20 世纪 90 年代中期才得以重新起步。

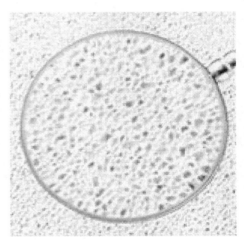

图 6-1 蒸压轻质加气混凝土表面放大图

蒸压轻质加气混凝土板具有轻质高强、耐火、隔热、隔声、无放射性、产品精度高、施工安装方便等特点，适应于各种建筑，使其成为钢筋混凝土框架和钢结构优良的围护结构材料。

蒸压轻质加气混凝土可做成外墙板、屋面板、楼面板、外墙装饰板、吸声板、外包防火板等。蒸压轻质加气混凝土的生产制造可根据设计要求进行标准化、工厂化的生产，而钢结构建筑有强度高、质量轻、延性好、施工标准化、工厂化程度高、工期短等优点。它要求与其配套的围护结构也应当具有与之匹配的性能。而蒸压轻质加气混凝土墙板其所具有的性能能够全面地满足钢结构的要求，跟混凝土预制板相比，蒸压轻质加气混凝土墙板与钢结构能更完美地结合，在钢结构工程中采用蒸压轻质加气混凝土板作为围护结构就更能发挥其自重轻、强度高、延性好、抗震能力强的优越性，蒸压轻质加气混凝土墙板是钢结构维护结构的首选材料。

蒸压轻质加气混凝土产品由于具有节能、节土、节水等特点，充分利用各种工业尾砂，保护生态环境，贯彻了建筑业可持续发展战略。国家建设部和经贸委已明确指示，发展和应用新型建材是改善和提高人民居住条件与生活质量的关键。相信随着 21 世纪"绿色生态环保"这一住宅产业的发展，蒸压轻质加气混凝土产品会得到更大范围的应用。

蒸压轻质加气混凝土特点如下：

1. 质量轻

蒸压轻质加气混凝土制品的密度为 500kg/m³ 左右，仅为水的 1/2，砖块的 1/4，混凝土的 1/5（图 6-2）。150mm 厚度的蒸压轻质加气混凝土墙板材每平方米重量约为 75kg 左右。同时，作为墙体它不需要粉刷即可进行表面装修，作为屋面，它可不做找平层和保温层。用蒸压轻质加气混凝土墙板作围护结构的建筑工程可以大幅度地减轻建筑物自重，同时也大大减轻地震作用，从而在保证提高结构安全度的情况下减少结构材料用量，降低工程费用。

图 6-2　蒸压轻质加气混凝土密度
比水小，漂浮于水面上

2. 抗压强度高

蒸压轻质加气混凝土制品的立方体抗压强度为 4MPa。它的比强度（立方体强度/单位重量）为 0.08kg 压力/kg（重量），分别高于 MU10 标准砖的 0.05kg 的压力/kg（重量）和 MU7.5 空心砖（容重为 1300kg/m³）的 0.06kg 压力/kg（重量）。与其他传统材料相比，蒸压轻质加气混凝土墙板的强度要高 30%～50%。

3. 隔热性能好

蒸压轻质加气混凝土材料的导热系数和其含水量有关，含水量越大导热系数越大，隔热性能越差。在含水量为 0 时，蒸压轻质加气混凝土材料的导热系数（λ）为 0.13W/(m·K)，仅为普通标准砖的 1/6～1/7，为混凝土的 1/10～1/11，见表 6-1、表 6-2。

几种墙体材料导热系数的比较（W/(m·K)）　　　　　表 6-1

混凝土	砖砌体	多孔砖	一般加气混凝土（500 级）	蒸压轻质加气混凝土
1.28	0.81	0.58	0.14～0.16	0.11

几个地区用不同材料满足节能标准所需墙体厚度（mm）　　　　　表 6-2

材料 ＼ 地区	广州	南京	北京	哈尔滨
混凝土	980	1000	1680	3100
标准砖	490	490	780	1450
空心砖	330	330	560	1050
蒸压轻质加气混凝土墙板	150	150	175	250

4. 耐火性

蒸压轻质加气混凝土材料是一种无机、不燃的材料。在高温和明火下化学稳定性和体积稳定性好，不产生有害气体，因而具有良好的耐火性（表 6-3）。

不同厚度和用途的蒸压轻质加气混凝土墙板的耐火极限　　　　　表 6-3

指标	墙				屋面板	保护钢梁	保护钢柱
厚度（mm）	50	75	100	150	125	50	50
耐火极限（h）	1.57	2.25	3.23	>4	1.3	>3	>2.18

5. 耐久性

蒸压轻质加气混凝土材料是一种以托勃莫来石为主要矿物成分的硅酸盐材料，它在光和空气中不会老化，其耐酸碱能力比较强，只要进行正常的维修没有风化问题。用它作为建筑物的维护结构完全能够达到和超过建筑物规定使用寿命的要求，其正常使用寿命完全可以和各类永久性建筑物的寿命相匹配。

6. 良好隔声性

蒸压轻质加气混凝土材料是一种带有无数不相连通的封闭孔隙的轻质材料，因而其隔声性能好。100mm 厚的蒸压轻质加气混凝土墙板墙平均隔声量为 40.8dB（两面各 1mm 腻子），优于半砖墙的隔声效果。150mm 厚蒸压轻质加气混凝土墙板平均隔声量为 45.6dB（两面各 3mm 腻子），相当于带粉刷的一砖墙的隔声效果。

7. 抗渗性好

蒸压轻质加气混凝土虽然是多孔材料，但是由于其合理的工艺条件，不仅使材料的内部缺陷及微裂缝很少，而且形成的孔隙为均匀的、互不连通的封闭气孔，这使它具有优良的抗渗性能。在参照日本 JIS 标准进行的对比实验中，经过四天后，当红砖上玻璃管内的水柱下降 283.3mm 时，其他蒸压加气混凝土下降 162mm，蒸压轻质加气混凝土材料仅下降 58.7mm，6 天仅下降 88.3mm（小于日本 JIS 标准 6 天下降 100 mm）。也是说蒸压轻质加气混凝土材料抗渗性比标准砖好 4 倍，比其他加气混凝土好 2 倍。

8. 抗冻保温隔热性好

多孔材料在吸水后发生冻结时，其结构将会受到损坏，造成材料的质量损失和强度降低。蒸压轻质加气混凝土材料经检验质量损失≤1.5%，强度损失≤5%。因此，蒸压轻质加气混凝土墙板不仅可用于南方温暖地区，也可用于北方寒冷地区。蒸压轻质加气混凝土导热系数为 0.13W/(m·K)，其 125mm 厚度材料的保温效果可以达到普通 370mm 厚砖墙的效果，是一种可以以单一材料就能达到建筑节能 50% 以上的材料。

9. 抗水性好

一般来讲，多孔材料在吸水后强度均有所降低，不同材料降低的程度有所不同。此项性能指标一般用软化系数（水饱和强度/绝干强度）表示。国内一般加气混凝土制品水软化系数为 0.6~0.7，蒸压轻质加气混凝土软化系数为 0.88。

10. 抗震性好

能适应较大的层间变位角，允许最小层间变位角为 1/150，采用特殊节点时可达到 1/120，且在所有节点情况下层间变位角 1/20 时均不会产生板材脱落的情况。合理的节点设计，使得墙体适应主体结构因层间变位、温度或干湿收缩等变形的能力提高，减少因上述原因产生开裂的情况。

11. 绿色环保

蒸压轻质加气混凝土材料经辐射仪检测，其每小时放射量为 $12\gamma\mu/h$，相当于室外草地上的水平，不具有放射性。制造蒸压轻质加气混凝土的原材料中不含有石棉等对人体有害的物质，在生产过程中也没有有害化学物质污染，在配料中使用了 30% 的工业废渣，是优良的绿色环保材料。

12. 优良的施工性能

蒸压轻质加气混凝土墙板完全在工厂按需要进行标准化生产，然后运到现场安装，使建筑施工真正实现了工业化、产业化。这样不仅施工方便，而且可以在狭窄的场地上顺利进行施工。另外，蒸压轻质加气混凝土材料是一种均匀单质材料，很容易用手工工具进行锯、切、钻、刨，因而非常方便现场施工，大大节省了人力和时间，实现高效快速，低噪声、少污染、文明施工，大大缩短工期，提高投资效益，符合工程施工的发展方向。

13. 良好的经济效益

采用蒸压轻质加气混凝土作为墙体材料，使用后节省的费用有：建筑物的自重减少，降低了基础和梁柱等相应的结构费用，抹灰人工及材料费用，外墙保温费，外墙表面装饰费用，防火、隔声等特殊要求产生的费用等，并且增大了使用面积，改善了居住条件，大大地提高了建筑物的舒适性，降低使用能耗，达到国家建筑节能标准。

14. 优良的可装饰性

蒸压轻质加气混凝土墙板作为外墙有多种多样的艺术板材，可为建筑师设计出千姿百态的建筑物提供丰富的想象和组合空间。蒸压轻质加气混凝土墙板作为内外墙，其表面均富有很好的可装饰性，不管是涂料、软贴面材料、刚性块体贴面材料均可以方便施工（图6-3）。

图6-3　新加坡环球影城蒸压轻质加气混凝土墙板实例

15. 吸湿性和透气性

蒸压轻质加气混凝土墙板具有一定的吸湿性和透气性，也就是具有一定呼吸功能。它不仅可以使墙体表面不会结露，并给人一种舒适感和可触摸感，营造出温馨和谐气氛。

蒸压轻质加气混凝土墙板性能见表6-4。

蒸压轻质加气混凝土墙板性能表　　　　　　　　　　表6-4

性能指标	单　位	蒸压轻质加气混凝土墙板检测值	检测标准	标准值
干体积密度	kg/m³	500±20	GB/T 11969—2008	500±50
立方体抗压强度	MPa	≥4.0		≥2.5
干燥收缩率	mm/m	≤0.3		≤0.8
导热系数（含水率5%）	W/(m·K)	0.11	GB/T10295—2008	0.15

续表

性能指标		单 位	蒸压轻质加气混凝土墙板检测值	检测标准	标准值
抗冻性	质量损失	%	≤1.5	GB/T11969—2008	≤5.0
	冻后强度	MPa	≥3.8		≥2.0
抗冲击性（30kg砂袋）		次	≥5.0	GB/T19631—2005	3
单点吊挂力		N	1200		≥800
钢筋与蒸压轻质加气混凝土粘结强度		MPa	平均值3.5 最小值2.8	GB/T15762—2008	平均值≥0.8 最小值≥0.5
蒸压轻质加气混凝土墙板耐火极限		h	150mm 厚4 以上，150mm 厚墙＞4	GB/T 9978—2008	
水软化系数		%	0.88		
平均隔声量	100mm 厚蒸压轻质加气混凝土墙板两面 1mm 腻子	dB	36.7	GB/T50121—2005	
			40.8		
	125mm 厚蒸压轻质加气混凝土墙板两面 3mm 腻子		41.7		
			45.1		
	150mm 厚蒸压轻质加气混凝土墙板两面 3mm 腻子		43.8		
			45.6		
	175mm 厚蒸压轻质加气混凝土墙板两面 3mm 腻子		46.7		
			48.1		
尺寸误差		mm	长±2，宽0～2，厚±1	GB/T15762—2008	长±7，宽2～6，厚±4
表面平整度		mm	≤1	GB/T15762—2008	3
线膨胀系数		/℃	7×10^{-6}		
弹性模量		N/mm²	1.75×10^3		
抗渗透性（6 天 300mm 高水柱下降高度）		mm	88.3（对比试验标准红砖 4 天下降 283.3mm）	参照 JISA 5416—2007	≤100

6.2 预制混凝土外墙板

预制混凝土外墙板（Precast Concrete Wall Panel），即混凝土板块和结构构件在预制构件厂事先按照图纸要求制作加工后，运到工地现场拼接安装的形式。因为其具有施工周期短、质量可靠（对防止裂缝、渗漏等质量通病十分有效）、节能环保（耗材少，减少扬尘和噪声等）、工业化程度高及劳动力投入量少等优点，故在国外（如日本等）和我国香港地区的公用及住宅建筑上得到了广泛运用。主要优点是可以进行商品化生产，现场施工效率高，劳动强度低，构件便于安装，结构强度与变形能力均比混合结构好。但造价较高，自重大，每块板块平均 3t 重，需用大型的运输吊装机械，平面布置不够灵活，只适用于简单的规则建筑。

预制板在设计过程中，首先要考虑好板块的规格，尽量调整成同一规格的板块，这样能够加快预制生产的速度，便于制作和安装；还可以利用同等强度的钢筋网片代替普通钢筋，减少钢筋绑扎时间。在浇筑完板块后，进行混凝土板块的养护，等到混凝土达到一定强度后，才能运到现场安装。图 6-4 为一片预制好的混凝土墙板。

图 6-4   新加坡环球影城预制板墙板标准件

6.3   金属面岩棉夹芯板

彩钢夹芯板是用彩色涂层钢板作为面层，自熄型泡沫塑料作为夹芯材料，通过特定的生产工艺复合而成的金属面岩棉隔热夹芯板。芯材又分为聚苯乙烯泡沫、聚氨酯和岩棉等（图 6-5）。无论是哪种夹芯板，都具有"三合一"共同工作的特点。彩色涂层钢板有强度

图 6-5   金属面岩棉夹芯板

高、防水、防腐蚀好、色泽鲜艳等优点，而泡沫塑料重量轻、保温性能极佳，又可承受一定的剪力，因此夹芯板用于大跨度建筑屋盖是非常理想的建筑材料。

岩棉属于无机隔热材料，是以铁矿渣为主要原料，经熔化，用高压蒸汽喷吹冷却而成，具有质轻，导热系数小，弹性好，不燃，不蛀，不腐烂，化学稳定性好的优点。同时还具有绝佳的隔声性能。金属面岩棉夹芯板除用于一般的起保温隔热作用的活动结构外，它们更被广泛地应用于各种防火隔声场所，其产品性能特点如下：

1. 刚度大

由于岩棉芯材与两层钢板粘接成一个整体，共同工作，上表面起波压型，其整体刚度远胜于压型板夹岩棉（玻璃丝棉）的现场复合板材。夹芯板通过连接件与龙骨固定后，大大提高了屋面或墙板的整体刚度，加强了整体工作性能。选用金属面岩棉夹芯板，可采用较大檩距，故可节省龙骨用量 1/3～2/3。

2. 扣接方式合理

金属面岩棉屋面板采用扣接连接方式，并有密封条、放虹吸槽等，避免了屋面板和墙板接缝漏水的隐患，防水效果佳，节省了配件用量。

3. 绝热性能好

绝热性能好是岩棉的基本特性，在常温条件下（25℃左右），它们的热导率通常在 0.03～0.047W/(m·K) 之间。

4. 不燃烧性

岩棉的燃烧性能取决于其中可燃性胶粘剂的多少。岩棉本身属无机质硅酸盐纤维，不可燃，在加工成制品的过程中，有时要加入有机胶粘剂或添加物，这些对制品的燃烧性能会产生一定的影响。

5. 隔声性能好

岩棉具有优良的隔声和吸声性能，其吸声机理是这种制品具有多孔性结构，当声波通过时，由于流阻的作用产生摩擦，使声能的一部分为纤维所吸收，阻碍了声波的传递。

6.4 吸 声 板

吸声材料是指吸声系数比较大的建筑装修材料。如果材料内部有很多互相连通的细微空隙，由空隙形成的空气通道，可模拟为由固体框架间形成许多细管或毛细管组成的管道构造。当声波传入时，因细管中靠近管壁与管中间的声波振动速度不同，由媒质间速度差引起的内摩擦，使声波振动能量转化为热能而被吸收。因此，吸声与隔声是完全不同的概念，好的隔声材料不一定是好的吸声材料。好的吸声材料多为纤维性材料，称多孔性吸声材料，如玻璃棉、岩棉、矿渣棉、棉麻和人造纤维棉、特制的金属纤维棉等，也包括空隙连通的泡沫塑料之类。吸声性能与材料的纤维空隙结构有关，如纤维的粗细（微米至几十微米间为好）和材料密度（决定纤维之间"毛细管"的等效直径）、材料内空气容积与材料体积之比（称空隙率，玻璃棉的空隙率在90%以上）、材料内空隙的形状结构等。

对于各种建筑声学材料来讲，不同频率条件下声学性能是不同的。有的材料具有良好的高频吸声性能，有的材料具有良好的低频吸声性能，有的材料对某些频率具有良好的吸声性能，不一而同。

1. 矿棉吸声板

矿棉吸声板表面处理形式丰富，板材有较强的装饰效果。表面经过处理的滚花型矿棉板，俗称"毛毛虫"。表面布满深浅、形状、孔径各不相同的孔洞。另外一种"满天星"，则表面孔径深浅不同（图6-6）。矿棉板重量较轻，一般控制在350~450kg/m³ 之间，使用中没有沉重感，给人安全、放心的感觉，能减轻建筑物自重，是一种安全饰材。同时，矿棉板还具有良好的保温阻燃性能，矿棉板平均导热系数小，易保温，而且矿棉板的主要原料是矿棉，熔点高达1300℃，具有较高的防火性能。

图 6-6   矿棉吸声板

2. 金属吸声板

金属吸声板主要是在金属板体的底面密布许多锥底具有一椭圆形微细孔的三角锥，由于金属板体的顶面具有微细波浪形表面，且表面对应椭圆形微细孔上方周围亦设有三角锥（图6-7），因此，使反射的声波相互碰撞干扰而产生衰减，同时，即使部分声波穿透三角锥锥底的椭圆形微细孔，也会造成声波穿透损失，可达更佳的吸声及更快的阻塞效果。它完美地结合了现代主义建筑理念所具有的"绿色环保、经久耐用、美观、吸声性强、隔声效果好、安装使用方便"等优点，广泛适用于演播厅、影剧院、多功能厅、会议室、音乐厅、教室等一些公共场所。

3. 木质穿孔吸声板

木质吸声板是根据声学原理精致加工而成。在共振频率上，由于薄板剧烈振动而大量吸收声能，从而起到吸收噪声的作用。木板可做成的天花板或墙板等，正是运用了薄板共振吸声原理。木质吸声板由饰面、芯材和吸声薄毡组成（图6-8）。木质吸声板既有木质本身的装潢效果，又有良好的吸声性能，这些特点与其他吸声产品相比，木质吸声板有其独

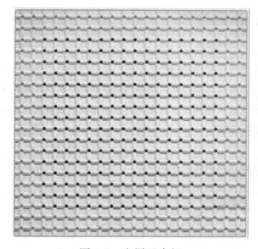

图 6-7   金属吸声板

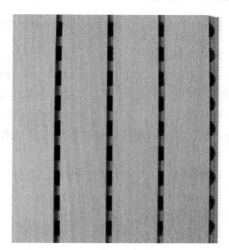

图 6-8   木质吸声板

到之处。木质吸声板又可以分为槽木吸声板和孔木吸声板两种，槽木吸声板是一种在密度板的正面开槽、背面穿孔的狭缝共振吸声材料；孔木吸声板是一种在密度板的正面、背面都开圆孔的结构吸声材料。两种吸声板都比较常用于墙面和天花的装饰。

6.5　外墙板防水涂料

外墙防水涂料需要根据外墙材料来选择，在新加坡环球影城中采用的是蒸压轻质加气混凝土外墙板。蒸压轻质加气混凝土墙板虽然各项物理力学性能都很好，同时干燥收缩率低、尺寸精确，但也存在着吸水率大，表面强度低（抗拉强度低）等问题。在选用饰面材料和确定工艺方法时需要特别注意。

1. SKK 水性二道浆（SKK SOFT SURF SGW）

水性二道浆具有以下特性：

（1）缩短工期（集基面调整材、底漆、中涂功能为一身）；

（2）微弹性的涂膜，发挥防水性能；

（3）只需涂一次就能覆盖旧涂膜表面的细微裂纹、洞孔等；

（4）能与水性、油性等各种面漆配套使用，附着性能优异，并且形成一种耐久性高的保护层；

（5）具有一定的透气性，即使基层潮湿也不会发生防水层起鼓现象；

（6）优良的耐候性；

（7）因为是水性材料，在保管时既简单又安全；

（8）低气味，安全作业环境。

2. SKK 美乐底漆 ES（SKK MIRAC SEALER ES）

SKK 美乐底漆具有以下特性：

（1）对基面具有渗透性，而且粘附性、耐久性优异；

（2）防止水分、二氧化碳的渗透，防止水泥砂浆和混凝土等的中性化。

6.6　外墙板密封材料

1. PE 棒

PE 棒无臭、无毒，手感似蜡，具有优良的耐低温性能（最低使用温度可达$-70\sim-100℃$），化学稳定性好，能耐大多数酸碱的侵蚀（不耐具有氧化性质的酸），常温下不溶于一般溶剂，吸水性小，电绝缘性能优良；密度低；韧性好（同样适用于低温条件）；拉伸性好；电气和介电绝缘性好；吸水率低；水汽渗透率低；化学稳定性好；抗张性好；无毒无害。

2. PU 密封胶

该密封胶具有良好的防水性，抗老化性及隔热、隔冷的性能。

6.7　石　膏　板

建筑材料的燃烧性能是针对材料本身特性而言的，材料燃烧性能分为四级：A级不燃、B1 级难燃、B2 级可燃、B3 级易燃。石膏板属于 B1 级难燃材料，但在《建筑内部装修设计防火规范》第 2.0.4 条中明确规定，"安装在钢龙骨上燃烧性能达到 B1 级的石膏板、矿棉板吸声板，可作为 A 级不燃材料使用"。遇火稳定性是国标中石膏板的物理性能指标，是指在高温火下焚烧时，耐火石膏板保持不断裂的性能，一般用耐火时间来衡量，时间越长遇火稳定性越好。在国际《纸面石膏板》GB/T9775—2008 中明确规定：耐火石膏板的遇火稳定性要大于 20min。

耐火石膏板是以石膏为主要材料，掺入轻质骨料、制成空心或引入泡沫，以减轻自重并降低导热性，也可以掺入纤维材料以提高抗拉强度和减少脆性，又可以掺入含硅矿物粉或有机防水剂以提高其耐水性，有时表面可以贴纸或铝箔增加美观和防潮性。具有防火、隔声、隔热、轻质、高强、收缩率小等特点且稳定性好，不老化、防虫蛀，可用钉、锯、刨、粘等方法施工。广泛用于吊顶、隔墙、内墙和贴面板。

石膏板的防火原理在于石膏板的板芯：

（1）石膏板内有大约 1% 的游离水，当石膏板遇火时，这部分水首先汽化，消耗了部分热量，延缓了背火面温度的上升。

（2）石膏板主要成分为 $CaSO_4 \cdot 2H_2O$（二水硫酸钙），其分子结构中含有 20% 的结晶水。这些水必须吸收足够的热量，才能转化为蒸汽蒸发。当板面温度上升至 100℃ 以上时，石膏板芯材（二水硫酸钙）脱水成为无水石膏（硫酸钙），同时吸收大量热量，进一步延缓背火面温度的上升。一般来说，石膏板越厚或层数越多，结晶水含量就越高，耐火极限就越长。导致石膏板防火失效的主要原因是，二水石膏脱去结晶水后体积收缩并失去整体性成为粉状，为了提高石膏板的耐火性，必须在石膏板芯材中增加一些添加剂。耐火纸面石膏板中增加了遇火发生膨胀的耐火材料以及大量的耐火玻璃纤维，这样就可以在石膏收缩的同时保证整体体积不变，并将石膏芯材拉结在一起，不至于失去整体性，增加了石膏板的防火性能。

7 有隔声吸声要求的复合墙体系设计

7.1 以蒸压轻质加气混凝土为外层墙的STC45复合墙体

以蒸压轻质加气混凝土为外层墙的 STC45 复合墙体，自建筑物外由内外部两层构成（图 7-1），分别为：

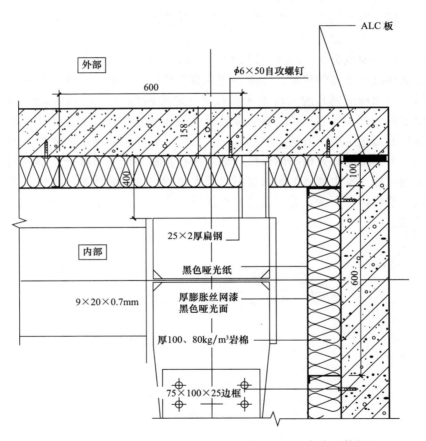

图 7-1 以蒸压轻质加气混凝土为外层墙的 STC45 复合墙体构造

（1）外层：150mm 厚蒸压轻质加气混凝土外层墙板。

（2）内层：间隔 600mm 檩条（75mm×100mm×25mm）用 $\phi6×25$ 自钻螺钉固定于蒸压轻质加气混凝土墙板上，布置 100mm 厚、80kg/m³ 的岩棉，岩棉的边沿打磨光滑，盖上 9mm×20mm×0.7mm 厚膨胀丝网和黑色哑光纸，喷刷哑光黑色面漆。

7.2 以蒸压轻质加气混凝土为外层墙的 STC65 复合墙体

以蒸压轻质加气混凝土为外层墙的 STC65 复合墙体，该复合墙体结构自建筑物外由内、中、外三层构成（图 7-2），分别为：

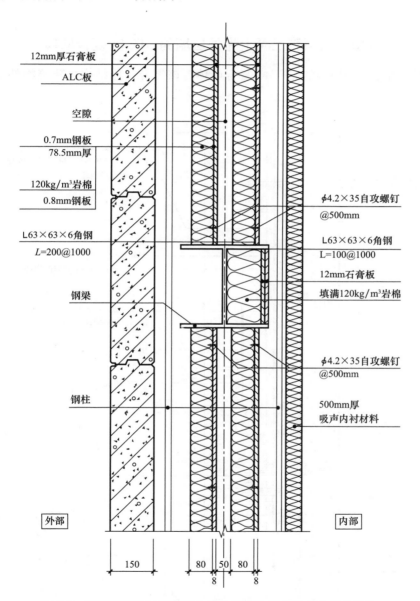

图 7-2 以蒸压轻质加气混凝土为外层墙的 STC65 复合墙体构造

第一层，150mm 厚蒸压轻质加气混凝土外层墙板。

第二层，第一道为 80mm 厚金属面岩棉夹芯板（由 0.7mm 厚钢板＋78.5mm 厚120kg/m³ 岩棉＋0.8mm 厚钢板，通过特定的生产工艺复合而成），第二道为 12mm 厚石膏板，中间间隔 50mm 厚空气夹层，第三道为 80mm 厚金属面岩棉夹芯板，第四道为 12mm 厚石膏板。金属面岩棉夹芯板由长度为 200mm 的角钢（规格 L63×63×6）间距为 1000mm，点焊固定于主体钢梁上；石膏板采用自攻螺钉间距 500mm 梅花形布置，直接固定于金属面岩棉夹芯板上。

第三层，50mm 厚吸声内衬板。

7.3　以预制混凝土为外层墙的 STC45 复合墙体

以预制混凝土为外层墙的 STC45 复合墙体，该复合墙体结构自建筑物外由内外两层构成（图 7-3），分别为：

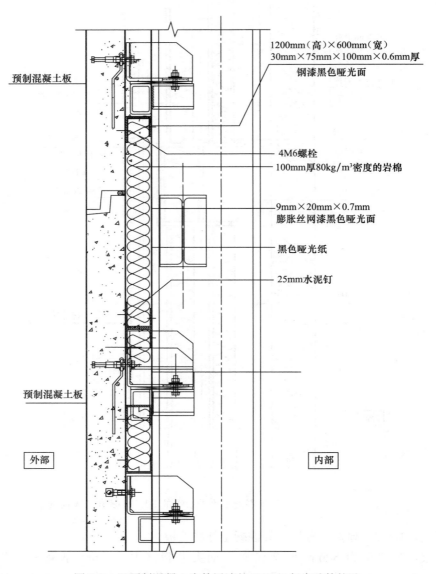

图 7-3　以预制混凝土为外层墙的 STC45 复合墙体构造

（1）外层：150mm 厚预制混凝土外层墙板。

（2）内层：间隔 600mm 檩条（75mm×100mm×25mm）用 φ6×25 水泥钉固定于预制混凝土外层墙上，布置 100mm 厚 80kg/m³ 的岩棉，岩棉的边沿打磨光滑，盖上黑色哑光纸和 9mm×20mm×0.7mm 膨胀丝网，喷刷哑光黑色面漆。

7.4 以砖墙为外层墙的 STC65 复合墙体

以砖墙为外层墙的 STC65 复合墙体，该复合墙体结构自建筑物外由内外四层构成（图 7-4），分别为：

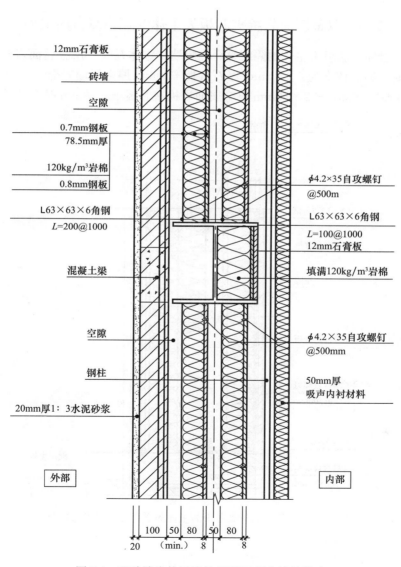

图 7-4 以砖墙为外层墙的 STC65 复合墙体构造

第一层，100mm 厚砖墙，粉刷 20mm 厚 1∶3 水泥砂浆面层。

第二层，最少 50mm 厚的空气层。

第三层，第一道为 80mm 厚金属面岩棉夹芯板（由 0.7mm 厚钢板＋78.5mm 厚 120kg/m³ 岩棉＋0.8mm 厚钢板，通过特定的生产工艺复合而成），第二道为 12mm 厚石膏板，中间间隔 50mm 空气夹层，第三道为 80mm 厚金属面岩棉夹芯板，第四道为 12mm 厚石膏板。金属面岩棉夹芯板由长度为 200mm 的角钢（规格 L63×63×6）间距为 1000mm，点焊固定于主体钢梁上；石膏板采用自攻螺钉间距 500mm 梅花形布置，直接固定于金属面岩棉夹芯板上。

第四层，50mm 厚吸声内衬板。

7.5 以金属面岩棉夹芯板为主体的隔声复合内隔墙

以金属面岩棉夹芯板为主体的隔声复合内隔墙，该体系共三层金属面岩棉夹芯板，五层石膏板（图 7-5）。依次为：2×8mm 厚石膏板＋80mm 厚金属面岩棉夹芯板＋8mm 厚石膏板＋50mm 厚空气隔层＋2×80mm 厚金属面岩棉夹芯板＋2×8mm 厚石膏板。

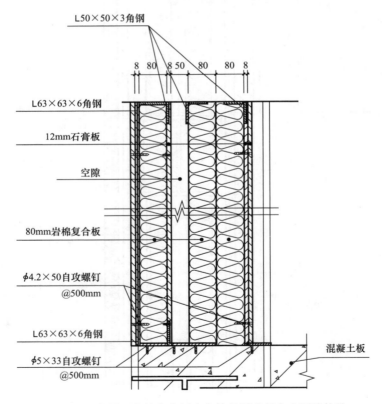

图 7-5 以金属面岩棉夹芯板为主体的隔声复合内隔墙构造

8 有防水防火要求的墙体构造设计

随着建筑物的形体变化和墙体、墙面材料的改革而出现的，尤其在沿海多雨、多台风地区，外墙渗漏严重影响建筑物的寿命和正常的生产、生活，导致物品的霉变，对装修造成损害。墙体防水是间歇性，垂直面防水，不积水，排水非常迅速通畅，但是在风力作用下，水随着风压力而渗透力会加大，尤其在墙面有接缝、空隙的部位，水进入后缓慢地对墙体进行渗透。如果外墙不做饰面层时，耐老化的有机弹性材料既是防水层又是装饰涂料层是可取的方案。外墙防水通过板面弹性防水涂料和板缝构造防水设计来实现整个外墙板防水功能。

8.1 外墙表面防水涂层

墙面防水层是在受较大剪切力下工作的，而且直接受自然界气候、风雨、冰雪、冰冻、阳光紫外线、温差各种自然现象的影响，因此它必须具有较大的抗压强度、粘结强度，较好的耐老化性和具有一定的韧性或延伸性，这是保证防水质量的关键。

1. 蒸压轻质加气混凝土墙板防水设计

由于蒸压轻质加气混凝土墙板是以多孔硅酸盐为主要材料，其表面积大，干燥收缩率低，吸水率大，从而引起墙板表面强度降低（$0.5N/mm^2$），影响了建筑物使用功能，降低使用寿命，必须采取有效的防水措施来对蒸压轻质加气混凝土墙板进行防水方面的保护，防止外墙板系统发生渗漏，从而提高使用年限。

由于蒸压轻质加气混凝土墙板表面抗拉强度低，其表面不宜用厚层砂浆类材料粉刷，一般采用直接做涂料饰面处理。在采用涂料饰面时，首先推荐采用延伸率大于200%的弹性涂料，而且最好是复层饰面涂料。常用的丙烯酸类墙体涂料是一种水质涂料，它是通过水分蒸发成膜的，因此涂层的强度形成比较缓慢，它正好适合于表面强度较低的蒸压轻质加气混凝土墙板。要求这种涂料不仅具有很好的耐候性、耐碱性，而且还具有较好的覆盖性和涂抹性。

新加坡环球影城项目共有7个建筑单体采用了蒸压轻质加气混凝土墙板为建筑外墙维护结构，包括激流勇进2（FLUEM RIDE 2）、4D影院1和2（4D CENIMA 1&2）、黑暗骑士1（DARK RIDE 1）、黑暗骑士3（DARK RIDE 3）、音乐厅（SOUND STAGE FACILITY）、好莱坞剧院（HOLLYWOOD THEATER 1）和电影特效片场（SHOW FACILITY），结合新加坡当地气候条件因素，环球影城使用蒸压轻质加气混凝土墙板的建筑单体在外墙板饰面设计时优选采用涂料饰面处理方案，选择耐候性好、耐老化性能好的材料将蒸压轻质加气混凝土墙板材料表面覆盖起来，既起到良好的防水效果，又避免长期暴露在空气中遭受二氧化碳、二氧化硫等有害物质的侵蚀。在饰面涂料选材上，本项目采用符合国际 ISO 9000 认证标准的 SKK 弹性涂料系列产品；涂料成膜后其良好的材料附着力与伸缩弹性充分发挥了其有效的防水性。在涂层设计上，蒸压轻质加气混凝土墙板饰面涂层采用两种设计方案，如图 8-1 所示。

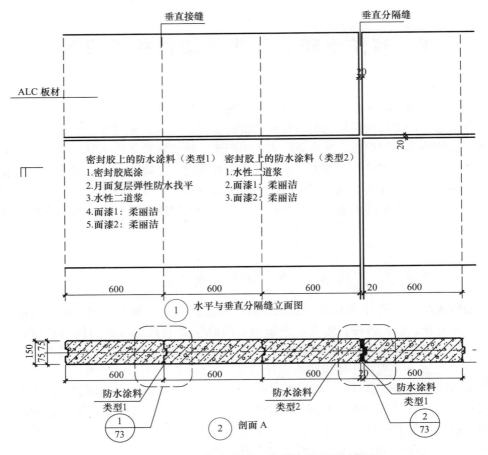

图 8-1　蒸压轻质加气混凝土墙板涂料设计方案图

方案一（蒸压轻质加气混凝土墙板表面）：底涂为水性二道浆（SKK SOFT SURF SGW），两道面涂为柔丽洁（NEW ELAS CLEAN）。

方案二（蒸压轻质加气混凝土墙板板缝）：底涂 1 为水性美乐底漆 ES（SKK MIRAC SEALER ES），调整材料为月面复层弹性防水系列（SKK LENA FRIEND ROLLER），底涂 2 为水性二道浆（SKK SOFT SURF SGW），面涂为柔丽洁（NEW ELAS CLEAN）。

2. 预制混凝土墙板防水设计

新加坡环球影城的黑暗骑士 2（DARK RIDE2）单体，采用预制混凝土外墙板技术，建筑面积为 6333m²，建筑高度为 24m，预制混凝土墙板面积约为 6017 m²。为了有效防止混凝土墙面渗漏，结合预制混凝土墙板本身构造，为黑暗骑士 2（DARK RIDE2）单体设计了一套独特的防水、防渗漏系统。结合新加坡地区雨水频繁、雨量大等特殊气候条件，以及建筑装饰效果，黑暗骑士 2（DARK RIDE2）采用多乐士外墙防水弹性涂料作为外墙体基面第一道防水系统，并结合防水密封胶，发泡聚乙烯圆棒，橡胶挡水板，铝箔面自粘防水板等各种构造和材料，加以完善整个外墙系统防水性能。

（1）预制混凝土墙板采用普通混凝土或轻骨料混凝土制作，一般混凝土强度等级不低于 C25 或者 LC25，本身具有防水性能。黑暗骑士 2（DARK RIDE2）建筑主体采用多乐士外墙防水弹性涂料对预制混凝土墙板表面进行包覆，以避免空气中的二氧化碳、二氧化硫等侵蚀风化墙板，从而提高了墙板的耐候性和使用功能，延长了建筑的使用寿命。多乐士防水弹性涂料有极佳的弹性，可覆盖墙体细微裂纹；极佳的防水性和呼吸性、优质的抗碱、防霉和抗苔藻功能；优异的耐候性及保色性，极佳的附着力，与具有弹性的防水密封胶更好的兼容性和良好协同工作性。

（2）为了更有效地防止外墙渗漏，在设计主体结构和设计墙板连接节点时，适当考虑主体结构变形、预制墙板本身产生的温度应力等对防水性能的影响。

1）合理控制层间位移角，达到最佳防水性能。

主体结构的变形必然带动整个外墙板系统的结构变形，从而导致板缝的防水密封胶变形位移过大，超出防水密封胶体弹性形变范围，使得防水密封胶体受损、开裂，出现渗漏。围护结构（墙板系统）的设计应符合主体结构的设计变化，一般根据主体结构的层间变位，来设计围护墙板与主体结构的连接节点，保证外墙板在地震和风力影响下能够适应主体结构的最大层间位移角。

2）设置分隔缝，有效预防渗漏。

预制混凝土墙板是利用连接节点外挂在主体结构上，结构发生形变时，预制混凝土墙板系统必然会随着主体结构产生变形，为了减少结构主体变形对预制混凝土墙板防水系统的影响，在板块间设计 10～20mm 分隔缝（图 8-2），防止因主体结构变形而引起的板块间挤压破坏，而对整个预制混凝土墙板防水系统带来不利影响。

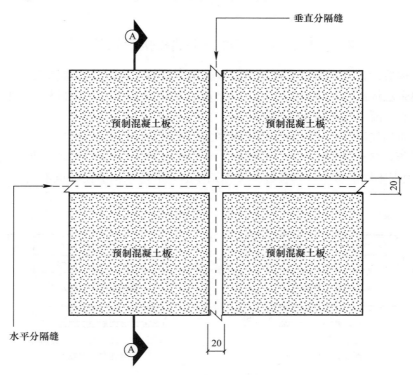

图 8-2　预制混凝土外墙板立面图

3）巧妙设计连接节点形式，减少温度应力。

为了减少预制混凝土墙板本身的温度应力对防水性能带来的不良影响，在设计预制混凝土墙板连接节点时，将上端两个节点连接形式设计为可活动的铰接，下端两个节点连接形式设计为固定（图8-3）。在产生温度应力时，预制混凝土墙板板块自身可以利用上端铰接节点进行应力释放，同时配合分隔缝的设置，有效地防止预制混凝土墙板开裂、挤压破坏，从而大大提高预制混凝土墙板的使用寿命与防水性能。

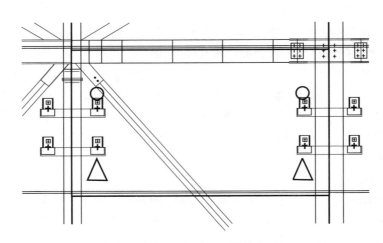

图 8-3　预制混凝土墙板连接节点立面图

8.2　蒸压轻质加气混凝土墙板接缝处防水构造

在板缝构造设计上，通过选择适当的板缝填充材料组成板缝防渗漏系统，包括防水密封胶、发泡聚乙烯圆棒、橡胶挡水板、铝箔面自粘防水板等，发挥材料本身的优良性能，有效提高预制混凝土墙板防水能力。

蒸压轻质加气混凝土墙板根据墙板本身的边缘构造设计分类有以下两种：分别有 C 形板与 TU 形板，C 形板侧面为 C 形槽口；TU 形板的一侧为凹形槽，另一侧为凸形槽（图8-4）。根据不同的板型，其板缝（又称调整缝）的防水构造设计也不同。

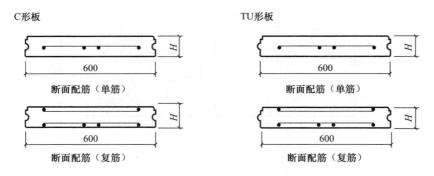

图 8-4　蒸压轻质加气混凝土墙板板型构造图

　　为了有效地预防渗漏现象，根据不同的板型构造，结合一些特定材料所具有的防水特性，其调整缝采用了不同的防水构造设计，一般构造做法如图8-5、图8-6所示。

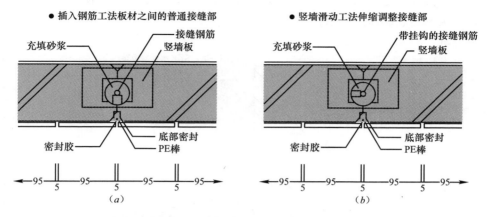

图8-5　蒸压轻质加气混凝土墙板调整缝防水构造图（一）

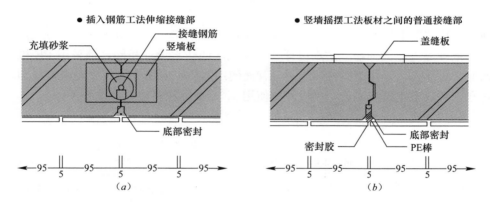

图8-6　蒸压轻质加气混凝土墙板调整缝防水构造图（二）

　　新加坡环球影城项目在采用蒸压轻质加气混凝土墙板时，优先采用TU形墙板，该板型利用墙板自身的凹凸卡槽形成一般性的防水效果，同时也增强了整个蒸压轻质加气混凝土墙板体系的整体性；在原有普通的防水构造设计基础上进行优化，利用蒸压轻质加气混凝土墙板材自身优良构造设计，在板缝部位做特殊的构造处理，利用SKK防水弹性涂料来提高防水性能，即第一底涂为水性美乐底漆ES（SKK MIRAC SEALER ES），调整材料为月面复层弹性防水系列（SKK LENA FRIEND ROLLER），第二底涂为水性二道浆（SKK SOFT SURF SGW），面涂为柔丽洁（NEW ELAS CLEAN），通过该方案优化，使得整个蒸压轻质加气混凝土墙板的防水性能在原有基础上得到了很大的提高。

　　（1）水平方向调整缝防水构造设计。

　　水平方向的调整缝分别有三种类型：20mm水平伸缩缝（竖装），20mm带有TU形槽口的水平伸缩缝（横装），10mm带有TU形槽口的水平缝（横装）。

在竖装工法情况下，每隔一板长会设置一道20mm水平伸缩缝，为了有效防水，采用PE棒结合，采用两面密封形式，并在中间打发泡剂，背面使用蒸压轻质加气混凝土墙板勾缝剂，由此形成多道防水，有效阻止雨水渗透（图8-7）。墙板外侧使用SKK弹性涂料涂抹，同时对密封胶起保护作用。

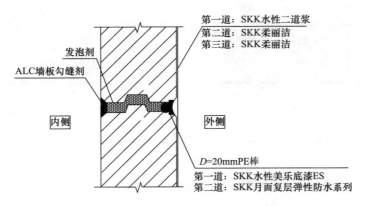

图8-7 蒸压轻质加气混凝土墙板水平方向调整缝构造图（一）

横装工法情况下的水平缝有20mm宽和10mm的板缝。每6块板（3600mm）设有一道20mm的伸缩缝，该伸缩缝防水设计与竖装工法的防水设计相同，都采用PE棒和防水涂料两面密封形式，并在中间打发泡剂，背面使用蒸压轻质加气混凝土墙板勾缝剂，形成多道防水，有效阻止雨水渗透。墙板外侧使用SKK弹性涂料涂抹（图8-8）。

图8-8 蒸压轻质加气混凝土墙板水平方向调整缝构造图（二）

10mm宽的普通板缝则采用φ10mm的PE棒，结合墙板本身设计的TU形槽口来达到防水设计的目的，安装时将T形槽口朝上，中间形成一道挡水的小坎，有效阻止雨水渗透。背面也采用蒸压轻质加气混凝土墙板勾缝剂。通过对不同材料具有的特性构成有效的防水系统。

（2）竖直方向调整缝防水构造设计。

如图8-9所示，竖直方向的调整缝分为竖装工法和横装工法，整个防水设计系统与水平方向调整缝一致，以减少施工多样性、复杂性。

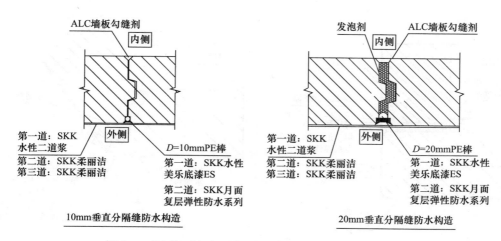

图 8-9　蒸压轻质加气混凝土墙板竖直方向调整缝构造图

（3）底部基础部位调整缝防水构造设计。

在底部基础部位的水平伸缩缝的防水设计在构造上与中间部位板缝构造设计有所区别，由于底部基础为混凝土基础，在填中间板缝时，完成外侧密封胶和 PE 棒的安装后，从背面采用无收缩混凝土进行灌浆，最后再采用蒸压轻质加气混凝土墙板勾缝剂处理。使墙板与基础充分粘结为一个整体，防止底部雨水渗漏（图 8-10）。

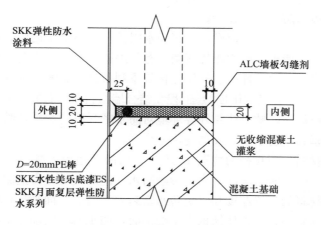

图 8-10　蒸压轻质加气混凝土墙板底部基础分缝构造图

（4）转角部位调整缝防水构造设计。

在板块转角分隔缝的交界处，也是防水相对薄弱的部位，在设计上转角部位采用 20mm 宽的调整缝，在接缝中间饱满地打发泡剂，背部利用墙板系统的勾缝剂进行修补，墙板外侧采用直径 20mm 的 PE 棒填缝，最后在 PE 棒外表面打防水密封胶，这样形成四道防水，有效地防止转角部位发生渗漏现象。该设计既能有效地起到防水功效，又可以满足建筑要求，形成任意角度的转角（图 8-11）。

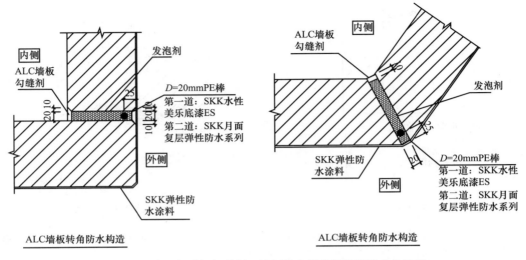

图 8-11 蒸压轻质加气混凝土墙板转角部位调整缝防水构造图

8.3 预制混凝土墙板接缝防水构造

预制混凝土墙板边缘构造设计直接影响墙板系统能否有效防止雨水渗漏、防水密封胶老化以及延长预制混凝土墙板系统使用寿命。

（1）水平方向板缝防水构造设计。

水平方向的板边采用楔形倒流设计，将雨水阻挡在外不至于内渗，斜口坡度设计使得雨水在整个预制混凝土墙板外侧面顺势流淌，有效地防止雨水冲刷防水密封胶。考虑到防水密封胶易受阳光暴晒、雨水冲刷、气候变化等不利条件的影响而加速老化，失去材料防水性能，黑暗骑士 2（DARK RIDE 2）工程在结合墙板自身设计特点，突破常规，采用内置式单道防水密封胶设计，减少建筑外界环境对防水密封胶的影响，特别是阳光中的紫外线和雨水，这大大延长了防水密封胶的使用寿命。

同时配合背衬材料，用直径为缝宽 1.3~1.5 倍的发泡聚乙烯圆棒等材料，形成一个封闭的防水分隔缝。防水密封胶的寿命是影响防水性能的关键，发泡聚乙烯圆棒的主要作用是控制板缝防水材料的设置厚度和避免防水密封胶接缝的三面粘接，使防水密封胶处于双面受力的良好工作状态，当主体结构发生变形时，防水密封胶能够适应主体的变形，从而抵抗胶体开裂，如图 8-12 所示。

（2）垂直方向板缝防水构造设计。

在垂直方向板缝设计上，以橡胶挡水板为第一道防水，配合防水密封胶为第二道防水共同作用，橡胶挡水板也起到一个缓冲作用，能有效阻止雨水直接对防水密封胶冲刷，而防水密封胶则同时有效地防止雨水渗漏，从而大大地提高预制混凝土墙板的使用寿命与建筑物防水性能，如图 8-13 所示。

（3）十字板缝防水构造设计。

在水平缝与垂直缝的十字交界处，是防水的薄弱位置，黑暗骑士 2（DARK RIDE2）预制混凝土墙板设计上采用 300mm 长铝箔面自粘防水板来加强交界处的防水性能，该铝

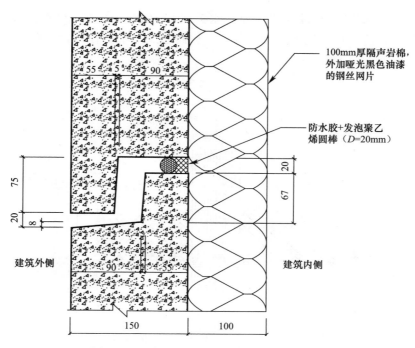

图 8-12 预制混凝土墙板水平缝防水构造设计

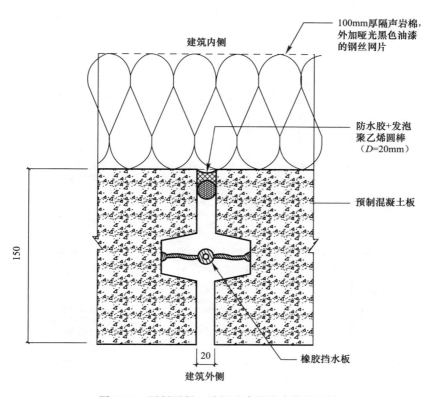

图 8-13 预制混凝土墙板垂直缝防水构造设计

箔板分隔了上、下部橡胶挡水板，当上部挡水板有水分时，会自然流到铝箔板上，然后再沿着楔形倒流缺口流至预制混凝土墙板外侧，从而起到防水的作用，如图 8-14～图 8-16 所示。

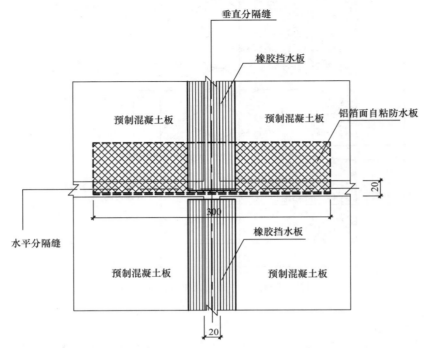

图 8-14　预制混凝土墙板十字板缝部位防水构造设计立面图

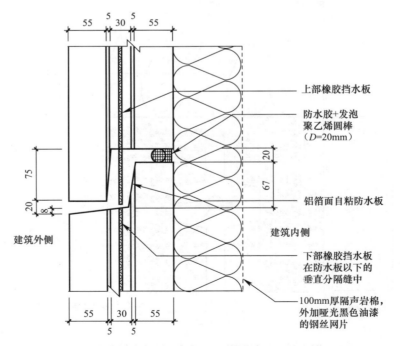

图 8-15　预制混凝土墙板十字板缝部位防水构造设计

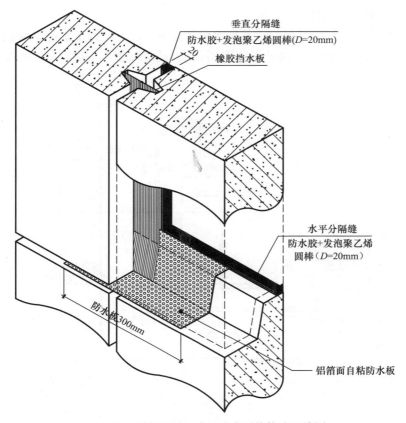

图 8-16　预制混凝土墙板防水系统构造三维图

（4）底部基础连接板缝防水构造设计。

墙基础部分的分隔缝同样采用内置式防水分隔缝，配合混凝土小矮墩，形成封闭的防水带，既方便施工又能保证防水胶的寿命（图 8-17）。

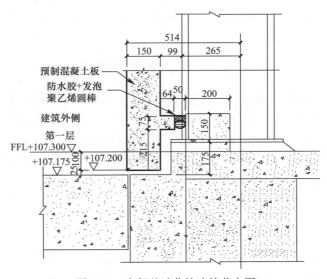

图 8-17　底部基础分缝连接节点图

（5）转角 L 形板块设计。

在板块转角分隔缝的交界处，也是防水相对薄弱的部位，为了加强板块的整体性，把转角的板做成 L 形，与相邻板块分隔缝采用普通分隔缝设计，从而提高墙板的防水性能（图 8-18）。

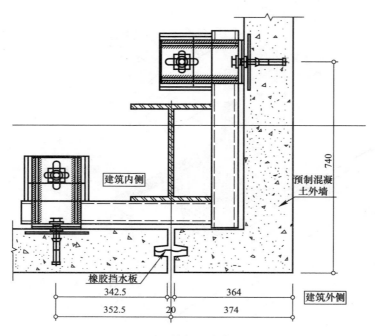

图 8-18　转角 L 形构造图

通过对水平方向板缝、垂直方向板缝、十字板缝、底部基础连接板缝、转角 L 形板块等部位的一系列创新设计，配合预制混凝土墙板的板边楔形倒流口设计、内置式防水分缝设计，防止雨水渗漏、减少阳光紫外线和雨水对防水密封胶老化的不利影响，有效地提高了预制混凝土墙板防水性能，延长整个预制混凝土墙板系统的使用寿命。

8.4　墙体防火设计

防火墙是由不燃烧体构成，耐火极限不低于 3h，为减小或避免建筑结构、设备遭受热辐射危害和防止火灾蔓延，设置的竖向分隔体或直接设置在建筑物基础上或钢筋混凝土框架上具有耐火性的墙。防火墙是防火分区的主要建筑构件。防火墙必须满足 3h 耐火时间，防火隔墙仅仅是隔离普通机房、设备室、楼梯间等有较低防火要求的防火隔墙，防火墙可以作为防火隔墙，当防火隔墙处于防火分区间达到 3h 耐火要求并起划分分区作用时，视作防火墙。通常防火墙有内防火墙、外防火墙和室外独立墙几种类型。防火墙设计应注意以下几点：

（1）防火墙应直接设置在基础上或钢筋混凝土的框架上。

（2）防火墙应截断燃烧体或难燃烧体的屋顶结构，且应高出非燃烧体屋面不小于 40cm，高出燃烧体或难燃烧体屋面不小于 50cm。

（3）当建筑物的屋盖为耐火极限不低于 0.5h 的非燃烧体时，高层工业建筑屋盖为耐火极限不低于 1h 的非燃烧体时，防火墙可砌至屋面基层的底部，不高出屋面。

（4）建筑物的外墙如为难燃烧体时，防火墙应凸出难燃烧体墙的外表面 40cm。

（5）防火墙内不应设置排气道，民用建筑如必须设置时，其两侧的墙身截面厚度均不应小于 12cm。

（6）防火墙上不应开门窗洞口，如必须开设时，应采用甲级防火门窗，并能自行关闭。建筑物内的防火墙不应设在转角处。如设在转角附近，内转角两侧上的门窗洞口之间最近的水平距离不应小于 4m。紧靠防火墙两侧的门窗洞口之间最近的水平距离不应小于 2m。

建筑构件燃烧性能和耐火极限见表 8-1。

建筑构件燃烧性能和耐火极限		表 8-1
承重墙	耐火极限	耐火极限
普通黏土砖，钢筋混凝土墙	240mm 厚 5.5h	370mm 厚 10.5h
轻质混凝土砌块	240mm 厚 3.5h	370mm 厚 5.5h
普通黏土砖墙，双面抹灰	240mm 厚 8.0h	—
黏土空心砖，双面抹灰	140mm 厚 9.0h	—

在本工程中所使用的 150mm 厚蒸压轻质加气混凝土墙板，其耐火极限超过 4h。

9 蒸压轻质加气混凝土板墙体构造

9.1 概　　述

墙板的安装分竖装、横装、大板安装三大类（图 9-1），每一类各有几种节点安装工法可供选择。如何选择安装工法大致可以从以下几个方面进行考虑：

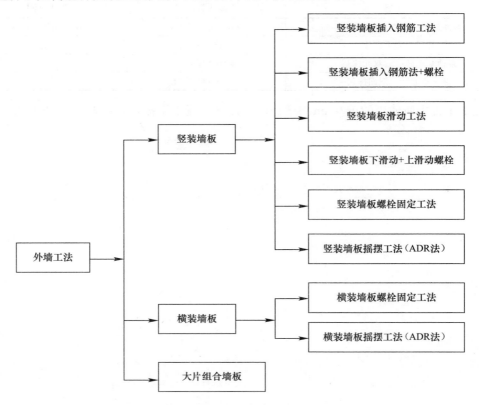

图 9-1　蒸压轻质加气混凝土墙板安装工法简介

（1）建筑物性质：一般民用建筑层高不大，框架梁布置有规律，而洞口较多且不规则时，选用竖装板较多；而工业建筑层高大、柱网整齐，而梁较少，采用横装板较方便。

（2）结构类型：中低层钢筋混凝土结构由于其刚度较大，层间位移小，可优先选择插入钢筋法、螺栓固定法；而对中、高层钢结构，由于其刚度较小而层间位移较大，可优先选用摇摆工法等。各种工法安装可承受的主体变形比较见表 9-1。

（3）其他要求：如对建筑物立面效果的要求；当地风荷载或地震作用的大小；特殊结构的要求；经济性的要求等。

各种工法可承受的主体变形比较 表 9-1

编号	安装方法	可承受的层间位移					可承受的层间位移角	选用板型
		1/15	1/100	1/120	1/150	1/200		
1	竖装墙板插入钢筋法					○	适用于层间位移较小、刚度较大的钢和钢筋混凝土结构	C 形板
2	竖装墙板插入钢筋法＋螺栓固定					○		C 形板
3	竖装墙板滑动工法			○	◎	◎	适用于层间位移较大的钢和钢筋混凝土结构	C 形板
4	竖装墙板下滑动＋上滑动螺栓				○	◎	适用于层间位移不大、刚度较大的钢和钢筋混凝土结构	TU 形板
5	竖装墙板螺栓固定工法			○	○		适用于层间位移较一般、刚性中等的钢和钢筋结构。干法，施工方便	TU 形板
6	竖装墙板摇摆工法（ADR法）	◎	◎	○	◎	◎	适用于层间位移较大、刚度较小的钢结构。干法，施工方便	TU 形板
7	横装墙板螺栓固定工法		○	○	○	◎	适用于层间位移较大、刚度较小的钢和钢筋混凝土结构。干法，施工方便	TU 形板
8	横装墙板摇摆工法（ADR法）	○	○	○	◎	◎	适用于层间位移大刚度小的钢结构。干法，施工方便	TU 形板

注：1. 表中○表示少数轻微损坏，易修补；◎表示完好无损。

2. 在足尺寸模拟地震作用试验中，竖装墙板摇摆工法和横装墙板摇摆工法经受 10.5 度地震（加速度 1.2g）后节点完好无损。

9.2 蒸压轻质加气混凝土墙板专用安装构件

1. 专用连杆（PA）

连杆安装板是指从横边或长边钻孔，插入专用连接杆（图 9-2）后，用专用螺杆连接主体和板材。连杆安装板的锚固件安装预留孔分为两种：从顶部钻进和从侧边钻进。沿侧边钻进的连杆安装板在施工现场可以通过调整锚固件的位置来校正主体施工误差，特别是横墙工法，对调整柱子误差有很好的效果。同样，采用连杆安装板不损伤板面，可保持墙板的美观，防水性和耐久性好。这种板主要用于竖装墙板摇摆工法和横装墙板摇摆工法，它适用所有建筑物的外墙和隔墙，也特别适用于高层建筑。可在现场钻孔，具有较高的灵活性，可适用于各种有不同梁柱位置尺寸建筑物的需要。连接杆的位置应按下列情况控制：如果从板顶部钻孔插入连接杆，其位置应在距板端 80～320mm 的范围内；如果从板侧面钻孔，连接杆的位置应在距板端 75～750mm 之间。

2. 专用螺杆（SB-105）

专用螺杆（图 9-3）是和专用连杆配对使用的，150mm 厚的板用 M12 G4.6 规格 105mm 长的专用螺杆，外面加弹簧垫片。使用螺杆固定板材之前要先打孔，然后锁紧专用螺杆。拧紧专用螺杆时不能过度，当弹簧垫片变形贴紧板材时即可。

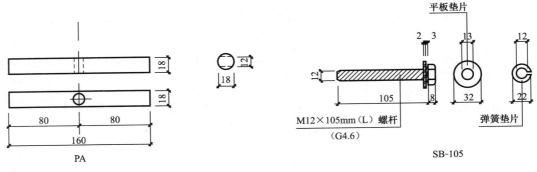

图 9-2　专用连杆（PA）

图 9-3　专用螺杆（SB-105）

3. 平板（FP-150）

平板是连接下部板块的连接板（图 9-4），该板是以点焊方式连接在通长角钢上，在板块中间有一个水平椭圆孔，能够允许专用螺杆左右移动。这种特殊的连接方式使得板块顶端具有可动性。一旦主体受地震作用或其他外力产生过大变形时，平板会和通长角钢脱离，板块就可以随主体产生上下左右的变形，这样板块就不会因主体变形产生附加应力，避免板块发生破坏。

4. 专用托板（VP-150）

专用托板（图 9-5）在上部板块的底部，用来承担上部板块的竖向荷载。每块竖装板块底部有一块托板，托板的后面留一个缺口，使平板能够穿过这个缺口，点焊在通长角钢上。专用托板满焊在通长角钢上，牢固的连接使板材、通长角钢与主体形成一个整体。

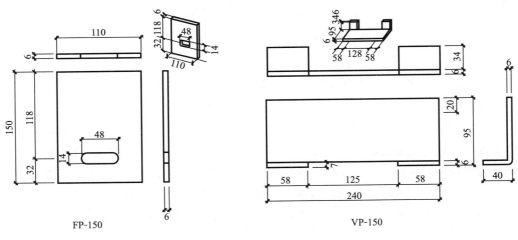

图 9-4　平板（FP-150）

图 9-5　专用托板（VP-150）

5. 专用压板（SP-150）

专用压板（图 9-6a）用来扣住通长角钢（厚度 6mm）和平板（厚度 6mm），主要受风荷载作用，水平风荷载等于上下板风荷载之和的一半。压板上有垂直椭圆孔，用来调节安装的误差。专用压板与通长角钢接触面必须大于 30mm，两边的焊缝各大于 20mm 即可。

6. 压板（IP-150）

压板（图 9-6b）同样是来扣住通长角钢（厚度 6mm），但所压的厚度只有 6mm，压板一般用在板底部和顶部节点，门窗洞口加固节点。同样也受风荷载作用，水平风荷载等于上下板风荷载之和的一半。

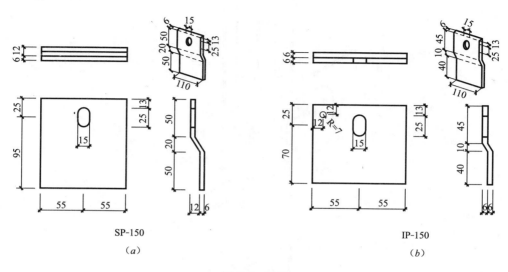

SP-150
（a）

IP-150
（b）

图 9-6　压板
（a）专用压板（SP-150）；（b）压板（IP-150）

7. 垫板（MP）

垫板（图 9-7）用于填满角钢与板材之间的缝隙，使板材不会产生平面外的转动。垫板是个构造构件，非受力构件。一般用在竖装节点上，横装节点一般不用此构件。

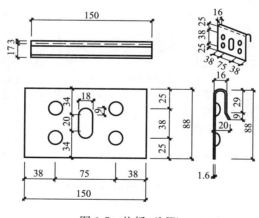

图 9-7　垫板（MP）

9.3　横装墙板构造

以下主要介绍横装墙板摇摆工法（ADR 法）。

它是采用专门的连接件将蒸压轻质加气混凝土墙板横放固定在两根竖向支撑构件上的安装方法。由于其特定的可转动性能，可以适应较大的层间变位，且板面不留下任何痕迹（图 9-8、图 9-9）。

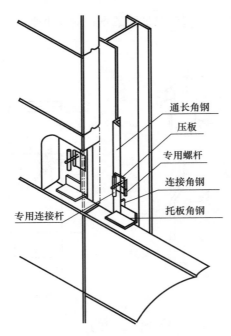

图 9-8　横装 ADR 节点三维图

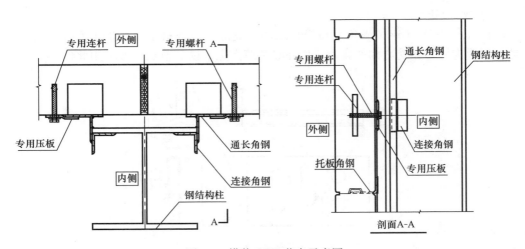

图 9-9　横装 ADR 节点示意图

横装墙板设计和施工时应注意以下几点：

（1）横装墙板工法一般需要采用有槽口搭接的 T 形板和 U 形板，TU 形板互相咬合，能形成一个防水隔断，使墙板具有良好的防水性能。

（2）适用于柱距较规则的建筑物。最大柱距不能大于板最大长度，否则应在柱子之间增加竖向支撑构件。板受的风荷载通过竖向构件传到主体，板的重力荷载则由竖向构件传到基础。

（3）墙板和柱子间需要留 30mm 左右的间隙。这个间隙同样是用于调整建筑物主体结构安装误差之用。特别要指出的一点是，这 30mm 间隙是设计间隙，实际安装以后并非最后间隙。在一些特大型建筑物或对连接件有隐蔽性要求时，柱和墙板之间可以留出80～100mm的间隙，以供采用这种安装方式留出一定的空间，它可以使连接件隐蔽在柱子后面，有利美观；它更有利于安装，特别是在有梁的位置安装和焊接都会更为方便。

（4）每3～5块板需要加设一块支承托板角钢，以承受板材重量。在设有支承托板角钢的这条缝上需要留有10～20mm的缝隙，以防止上层板材将荷载直接传给下面板材，同时也保证板材发生错动时不致损伤板材。由于在支承托板处的压力往往比竖装板要大得多，当结构在风荷载作用下，或其他原因使柱子发生变形的时候，在托板处的蒸压轻质加气混凝土墙板材局部受力可能非常复杂，极易产生裂缝和损坏。因此，在托板上增加一块滑动垫片是很有用的。

（5）板材利用压板固定在通长角钢上，通长角钢再利用连接角钢固定在钢结构柱子上。为了保证墙体的整体性，每间隔900mm需要设置一根连接角钢，这样板材就可以牢牢固定在通长角钢上，并可以随钢结构主体产生随动式变形。

（6）屋面有高出的女儿墙，墙板后面需要另加支撑构件，满足墙板所受的风荷载要求。支撑构件可以配合屋面防水节点，起到一举两得的作用。

9.4 竖装墙板构造

以下主要介绍竖装墙板摇摆工法（ADR法）。

它是通过专门的连接件安装在结构主体上，既保证了节点有足够的强度，也由于其特殊的连接方式使节点能够有较好的随动性（图9-10、图9-11）。它能适应较大的层间位移，且板面没有任何损伤。

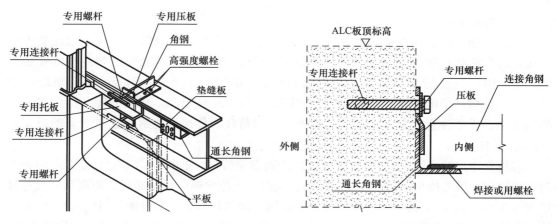

图 9-10　竖装 ADR 节点示意图　　　　　图 9-11　顶部连接节点示意图

（1）顶部连接节点。

利用专用螺杆和压板连接在通长角钢上，压板上的螺杆孔洞为垂直方向的椭圆孔，不承担板的重力，使该节点设计时只需考虑水平风荷载作用，风荷载值是顶层墙板风荷载的一半。

（2）中间连接节点。

利用专用螺杆和专用压板把上部板块连接在通长角钢上，压板承担上部板块一半的风荷载。专用托板支撑上部板块，承担上部板块的重力。利用平板和专用螺杆把下部板块连接在通长角钢上，平板点焊在通长角钢上，一旦主体受地震或其他外力产生过大变形时，平板会和通长角钢脱离，板块就可以随主体产生变形，板块就不容易发生破坏（图 9-12）。

（3）底部与混凝土连接。

底部混凝土是承重构件，承担上一层板的所有重力和一半的风荷载，设计时应加以考虑。可以利用膨胀螺栓或预埋钢筋来固定底部角钢，每间隔 600mm 一个（图 9-13）。通长角钢与底部角钢焊接，用来调节板底标高，使板底标高在同一水平线上，同时用来当作墙板的托板，安装时一步到位，方便施工。

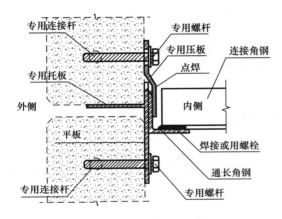

图 9-12　中间连接节点示意图

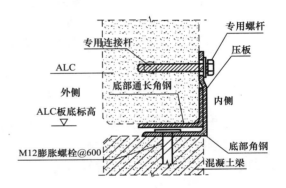

图 9-13　底部连接节点示意图

（4）角钢连接方法。

通长角钢直接焊接在钢梁上（图 9-14）：当墙体距离钢梁较近时，可采用此类方法连接。此方法也是受力最直接的，便于安装，可用通长角钢来调整钢结构主体的安装误差。安装时，只要沿通长角钢方向每隔 600mm 用一段 4mm 厚，50mm 长的角焊缝即可。在钢结构柱子的部位，应切掉部分角钢，直接焊在柱子上，建筑的转角部位也需要特别处理。需要注意的是，为了保证有效连接和荷载的传递，角钢搁置在钢梁的最小长度不小于 30mm。

利用支撑角钢连接（图 9-15）：当墙体距离钢梁较远，通长角钢不能直接焊在钢梁上时，可用加一段支撑角钢挑出，来支撑通长角钢。支撑角钢应根据墙板的距离和荷载选择适当的大小，每 600mm 布置一个，使通长角钢与钢结构形成一个整体，当钢结构变形时，墙板也可以与钢结构产生随动变形。支撑角钢的布置方法比较灵活，可以放在钢梁上方，也可以放在钢梁下方，还可焊接在钢梁的腹板上。可以在钢梁上打孔，用螺栓连接在钢梁上，也可以用焊接连接在钢梁上。在钢结构柱子的部位，同样用角钢挑出。注意角钢搁置在钢梁的最小长度不小于 100mm。

（5）女儿墙角钢支撑连接：屋面的女儿墙高出屋面小于 900mm 时，可用蒸压轻质加气混凝土墙板直接悬挑当作女儿墙，并不用外加支撑构件，板完全可以承受屋面的风荷

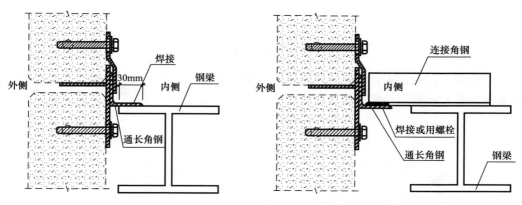

图 9-14 通长角钢直接焊接示意图　　　　图 9-15 支撑角钢连接示意图

载。当女儿墙高出屋面大于 900mm 时，需要在墙后加支撑构件，一般间隔 600mm 布置一个支撑构件，如图 9-16 所示。通长角钢连接在支撑角钢上方，板材按照普通的压板连接方式扣住通长角钢。同样是悬挑部分，压板距女儿墙顶端距离要小于 900mm。屋面除了处理好结构的节点之外，也要配合屋面的防水构造，墙顶需设置防水盖板。

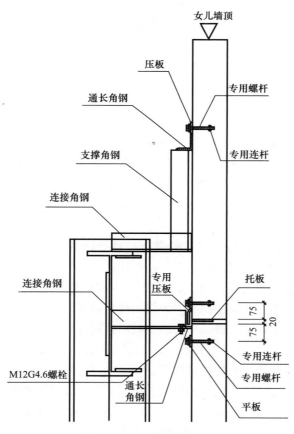

图 9-16 女儿墙角钢支撑连接

9.5 大板构造

它是采用专门的连接件将蒸压轻质加气混凝土墙板横放固定在两根钢骨架上，然后在地面拼装，几片小板组合成大板后，一次性连接在钢结构主体上的安装方法（图9-17）。

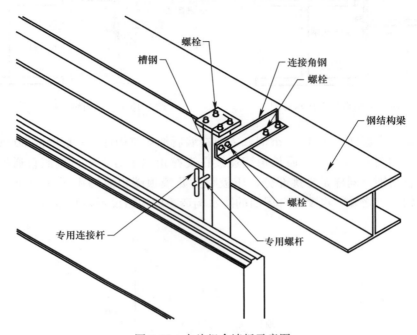

图9-17 大片组合墙板示意图

（1）设计意图与特点：大板安装方法的重点在前期的拼装工作。小板固定在骨架上后，可配合洞口安装，板材修补、防水与涂料施工，可以轻松地在地面完成80%的工作，最后20%的工作只是吊装大板与接缝的防水处理。对于墙体面积大，形体规则，施工场地宽敞的建筑，采用大板安装可以缩短施工时间，减少高空作业工程量，并且能够保证防水与涂料的质量。

（2）大板的连接构件：大板连接用的专用构件有压板（IP-150）、专用连接杆（PA）和专用螺杆（SB-105）。大板的骨架可以采用槽钢或工字钢，骨架与骨架的连接可采用法兰连接，便于安装和水平方向的调节。在钢梁处应设置连接构件，用来传递水平风荷载，应留竖向椭圆孔，便于垂直方向的调节，连接构件可以采用角钢或槽钢。每隔一定高度应设置一段拉结角钢，防止骨架失稳，在吊装大板时也可以起到加固的作用。大板安装也是属于横板安装，在每3～5块板需要加设一块托板角钢，以承受板材重量，拉结角钢可以同时设计成托板角钢，起到一举两得的作用。

板材与骨架的连接，可以采用螺栓连接，也可以加设压板，焊接在骨架上。采用螺栓连接时，安装前要在骨架上打孔，但必须保证打孔精确度，特别注意在板材的变形缝位置，孔位应错开20mm。安装时，对齐板材上的孔、专用连杆的孔和骨架上的孔，然后拧紧螺栓，就可以把板材固定在骨架上。采用压板连接时，骨架上不必打孔，在调节好板材位置后，固定好压板焊接即可。两种方法各有优点，设计时应根据现场情况选择合理的方案。

（3）大板的安装：

1）拼装。在地面由 5～8 块 600mm 宽的蒸压轻质加气混凝土墙板拼装成一大块（图 9-18）。

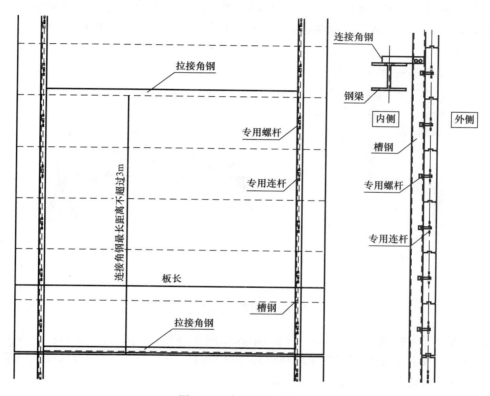

图 9-18　大板拼装示意图

　　选一处约 100m² 见方的平整水泥地，安装 3 条由 H 型钢或槽钢制作的（长）3400mm×（高）800mm 的长铁板凳，并把凳脚用膨胀螺栓固定在地面上，保证高低同一水平。

　　铁板凳横向排放中间间距为 2000mm，把要制作大板所用连接槽钢或 H 型钢根据图纸要求尺寸平放在铁板凳上，用钢扣件临时固定（图 9-19）。用小叉车或小吊车等把蒸压轻质加气混凝土墙板一块一块地放在槽钢上，按图纸要求打孔，安装连接螺栓，排放整齐、固定，待整块成形后，解去临时固定钢扣件，由 5t 叉车移走。带有窗户的大块整体，按同样方法，在平台上固定好槽钢后，在板就位前按设计位置焊上加固用角钢，再安装窗边周围板材。整块移走大板必须安放在平整处，并及时修补后打上防水密封胶，以防止板缝错位、变形。已打上防水密封胶的墙体可以在 48h 后，一个月以内进行外墙防水涂料施工作业。

　　2）吊装准备。底部基础标高 ±0.000m 水平线确认；底部基础中心线确认；建筑结构轴线的中心线确认；底部基础预埋件安装，利用膨胀螺栓固定在已放线在基础墙体上部的墙体中心线内侧；在已加固的预埋件上按图纸设计尺寸安装与槽钢底座相连的连接螺栓；中部与顶部，在原有钢结构横梁上测量附件固定尺寸，打 2M14 孔安装角钢附件，并引出结构于外墙面内侧。

3）吊装。用汽车吊加吊具和大板后部槽钢相连，以防止大板整体与槽钢固定点变形（图 9-20）；起吊已拼装完成的大板，利用吊锤检测大板垂直度和水平度，并与已引出的角钢附件与大板后部槽钢相连接；垂直度和水平度确认后进行点焊固定；然后加焊所有附件配件，确认焊接长度，去掉焊渣涂刷防锈漆；焊接时需交叉焊接以防钢材变形。

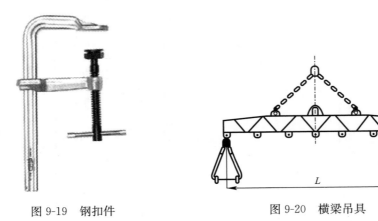

图 9-19 钢扣件   图 9-20 横梁吊具

9.6 固结法构造

它是通过勾头钢板（厚 5mm）焊接固定在竖向支撑构件上的安装方法，勾头钢板通过 V 形钢钉与蒸压轻质加气混凝土墙板连接（图 9-21～图 9-24）。该种方法无法适应较大的层间位移，随动性差，适合在非抗震地区使用。

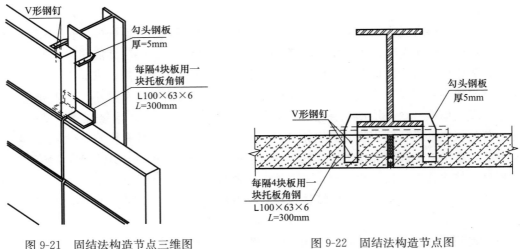

图 9-21 固结法构造节点三维图   图 9-22 固结法构造节点图

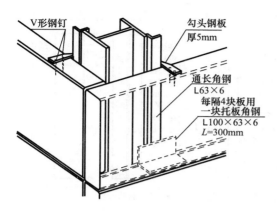

图 9-23　固结法构造角部节点三维图

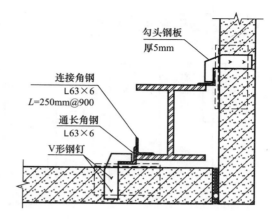

图 9-24　固结法构造角部连接节点图

9.7　蒸压轻质加气混凝土墙板开洞设计

根据建筑物功能需求，需要在墙板上开洞，虽然蒸压轻质加气混凝土墙板可锯、切、刨、钻，施工干作业，速度快，但是墙上洞口的多样化，给施工速度、质量带来一定的难度。所以板上开洞技术的合理应用，对于加快施工进度，提高施工质量有着重要的意义。

1. 蒸压轻质加气混凝土墙板洞口设计

在蒸压轻质加气混凝土墙板设计排版阶段，需要与各个专业紧密配合，确定洞口的位置、尺寸。根据蒸压轻质加气混凝土墙板宽度为 600mm 的特点，排版时应以 600mm 宽为模数进行设计，在墙面上开洞，洞口宽度在竖装墙板时宜符合板材的模数，横装墙板时洞口的高度也宜符合板材的模数，如果实际尺寸不能符合模数，则应尽可能调整尺寸和板型组合，必须使窄幅板宽度≥300mm，否则板材强度不能得到保证，容易造成损坏，应对墙板做好整体考虑，注意窄幅板排列的规则性、对称性、美观性和施工时的方便性。

2. 板材切割开洞应按照规定执行

板材的切割开口等会使板材强度降低，因此在进行这样的加工时一定要按规定进行，不仅锚固件开口距切口位置一般应大于 100mm，而且切割的部位和切割尺寸均有一定限制（图 9-25）。

3. 洞口加固设计

洞口加固要满足结构设计的要求，把板的荷载传递到主要受力构件上。

（1）横装蒸压轻质加气混凝土墙板洞口加固

如图 9-26 所示，横装蒸压轻质加气混凝土墙板通过加设洞边横向和竖向的角钢加固洞口。洞口上下方的板与加设的横向角钢连接，把荷载传递到横向角钢上；连接节点与一般做法相同，即用专用压板、专用螺杆与角钢连接，如图 9-27、图 9-28 所示，横向角钢焊接到竖向角钢上，竖向角钢再与主体结构连接。

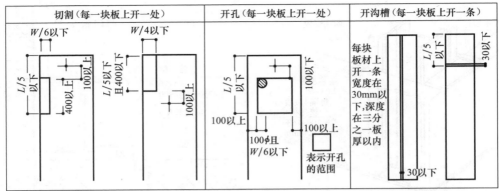

● 图中的 φ 是指通过预埋锚件 ● 其他锚固件 ● 安装螺栓等形成的板材支撑点 ● L 指板材的长度

● 绝对不能在锚件旁切割

● 务必回避这样的加工

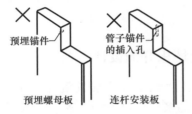
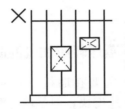
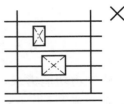

图 9-25 板材开孔规则示意图

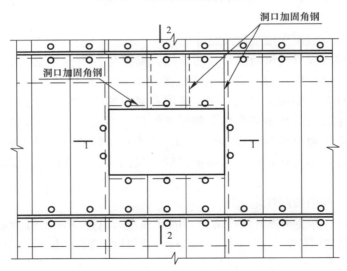

图 9-26 横装板洞口加固

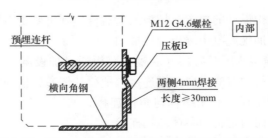

图 9-27 蒸压轻质加气混凝土墙板与横向角钢的连接

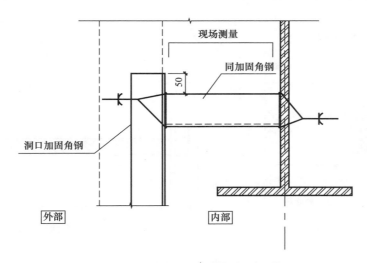

图 9-28　竖向角钢与主体钢梁的连接

（2）竖装蒸压轻质加气混凝土墙板洞口加固

竖装蒸压轻质加气混凝土墙板通过加设洞边横向和竖向的角钢加固洞口。洞口左右两边的每块板与加设的横向角钢通过勾头螺栓连接，如图 9-29～图 9-31 所示，横向角钢焊

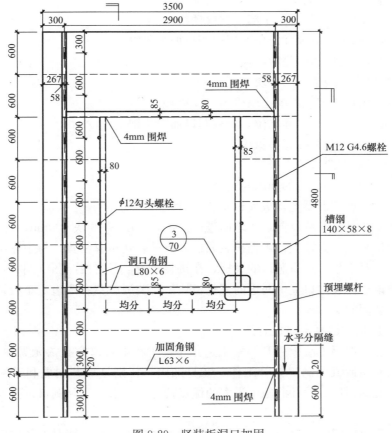

图 9-29　竖装板洞口加固

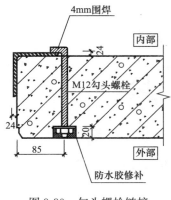

图 9-30 勾头螺栓链接

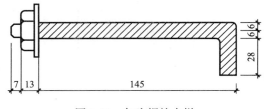

图 9-31 勾头螺栓大样

接到竖向角钢上，竖向角钢再与主体结构连接。同时，洞口上下两块板，适当加设勾头螺栓以加固洞口。

4. 蒸压轻质加气混凝土墙板预留洞口

蒸压轻质加气混凝土墙板预留洞口主要适用于洞口较大、洞口需要加固（有利于加固构件的焊接安装）和预留洞口方便施工的情况下。

（1）竖装蒸压轻质加气混凝土墙板洞口预留

1）严格按照图纸洞口尺寸定位，焊接洞口加固角钢。

2）安装洞口左右两边的完整板块。

3）安装洞口上下两边短小板块。

（2）横装蒸压轻质加气混凝土墙板洞口预留

1）严格按照图纸洞口尺寸定位，焊接洞口加固角钢。

2）安装洞口上下两边的完整板块。

3）安装洞口左右两边短小板块。

4）加设上下两块板洞边的加固勾头螺栓。

（3）蒸压轻质加气混凝土墙板大板安装洞口预留

大板安装主要是在安装以前，在地面进行预拼装，由 5～9 块 600mm 宽的蒸压轻质加气混凝土墙板拼装成一大板块，再把拼装完的大板吊装到相应位置，与主体结构用已安装的预埋件连接。对于带有预留洞口的大板，在拼装阶段，严格按照图纸洞口尺寸定位，焊接洞口加固角钢；安装洞口上下两边的完整板块；安装洞口左右两边短小板块；加设上下两块板洞边的加固勾头螺栓。

5. 蒸压轻质加气混凝土墙板后开洞

蒸压轻质加气混凝土墙板后开洞施工适用于：①机电管道穿孔，无需加固的小洞口。为减少开洞误差而造成的洞口修补工作。②易加固，特别是后开洞更利于施工方便的洞口。③设计变更的洞口。后开洞施工最大的优点就是可以根据实际洞口位置尺寸，减少施工的误差。

（1）对于需要加固的洞口施工：采用后开洞方法施工，通常情况下是先定位出洞口位置大小，焊接加固构件，根据设计安装上勾头螺栓，加固板块，以防止洞口开口施工时发生板块尚未加固而掉落的情况，然后用电钻打个眼，用锯条切割出所画洞口大小。但是对于 ALC 断面形状为 TU 形板（板一侧为凹形槽，另一侧为凸形槽）的情况，由于板块与板块之间凹凸槽的咬合，也可先开洞后安装勾头螺栓。

（2）设计变更的洞口施工：由于设计的变更在现场施工已经完成的情况下增设洞口。在设计阶段应该主要考虑洞口的加固问题，重点考虑施工的可行性，制定便于现场施工的洞口加固方案。

（3）洞边修补：在蒸压轻质加气混凝土墙板洞口上安装完窗框、螺栓和管道等后，应对所有的间隙进行修补，以达到密封、防水及隔声的要求。

6. 洞边修补

通常开洞大小比所需洞口大 20mm，一是方便设备管道的通过，二是利于板材或者设备的伸缩。当外挂构件支撑结构需要连接到主体结构时，由于焊接工作的需求，需要开启大于 20mm 的间隙要求时，需要对洞边进行合理的设计，以保证墙体的防水及密封性。

（1）洞边与所安装构件间隙为 20mm 时

通常情况下，所安装的器件与蒸压轻质加气混凝土墙板间会留有 20mm 的间隙，待安装完成后，应对 20mm 的间隙进行修补。清理洞边的灰尘，刷上界面剂，打上发泡剂，填充 PE 棒，打上胶，最后刷油漆，如图 9-32 所示。

（2）洞边与所安装构件间隙为 20～70mm 时

当洞边与所安装构件间隙为 20～70mm 时，超过 20mm 的部分用 ALC 修补粉修补，靠近构件的 20mm 的间隙，同样是清理洞边的灰尘，刷上界面剂，打上发泡剂，填充 PE 棒，打上胶，最后刷油漆，如图 9-33 所示。

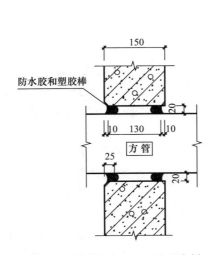

图 9-32 洞边尺寸 20mm 处理大样

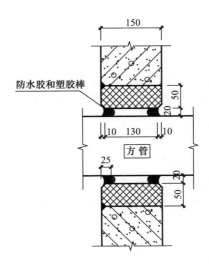

图 9-33 洞边尺寸 20～70mm 处理大样

（3）洞边与所安装构件间隙为 70～200mm 时

在洞边与所安装构件间隙为 70～200mm 时，超过 20mm 的部分用钢筋网片、细石混凝土浇筑，靠近构件的20mm的间隙，同样是清理洞边的灰尘，刷上界面剂，打上发泡剂，填充PE棒，打上胶，最后刷油漆（图9-34）。

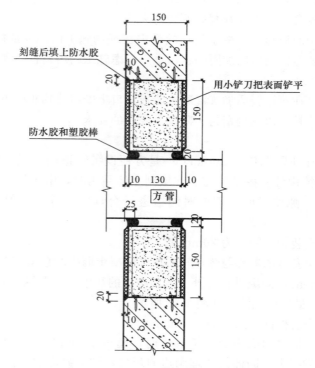

图9-34 洞边尺寸70～200mm处理大样

9.8 预制混凝土板构造

钢结构上安装预制混凝土板时，支撑点应设置在柱子上。钢结构梁的跨度比较大，因此用钢梁来承担预制板是比较不经济的，因为混凝土预制板的自重大，会使钢梁承受较大的扭矩和弯矩。图9-35、图9-36是预制板的支撑构件详图，支撑构件焊接在柱子边。

混凝土墙板应设计成四点支撑的结构板块。下部两点（图9-37的三角形示意）应承担板块的重量和风荷载，还应考虑安装时上部板块叠加产生的安装荷载，因此，下部支撑点应考虑至少能够承担2倍的板块重量；上部两点（图9-37的圆形示意）承担风荷载作用，并预留垂直椭圆孔，允许板块产生垂直变形，设置成相对活动的支撑点，可以防止温度应力使板材发生破坏。在有抗震设防的建筑，还应考虑地震作用的影响。板块与板块之间至少留20mm的伸缩变形缝，当主体发生变形时，板块的变形缝能够起到一定的调节作用，防止主体变形时板块过早发生挤压破坏。混凝土预制板安装实例如图9-38所示。

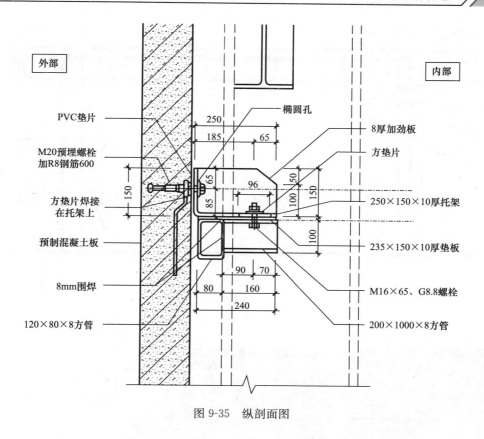

图 9-35 纵剖面图

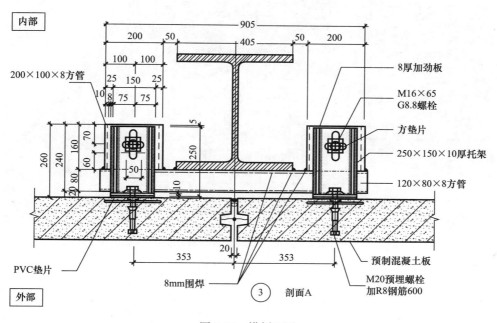

图 9-36 横剖面图

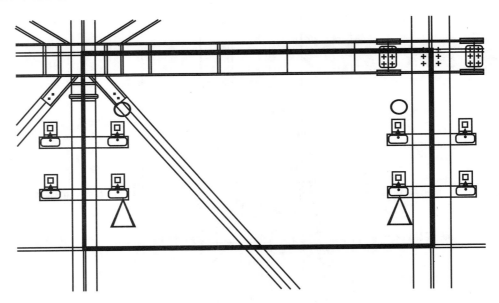

图 9-37 预制板立面图

图 9-38 预制混凝土板工程实例（新加坡环球影城 黑暗骑士 2）

10 围护墙体设计计算

ALC 板是一种轻质、具有良好隔热、隔声性能的环保节能材料，本章将介绍 ALC 的结构设计、热工计算和隔声计算，并在试验基础上，根据 ALC 板的特点，提出了 ALC 板单元隔声计算和 ALC 板复合隔声结构的隔声量计算公式。

10.1 ALC 板的结构计算

ALC 的板设计有别于钢筋混凝土结构设计，一般钢筋混凝土结构设计是在力学计算的基础上再进行配筋设计，而对于 ALC 板是采用工厂标准化生产，板的宽度固定为600mm，其长度则根据建筑结构布置来确定，但由于 ALC 本身材料的限制，其长度一般不超过 6000mm，厚度也可根据设计需要而变化，配筋设计也将由生产单位工程技术人员根据设计荷载要求负责完成设计，并通过实验论证，确定最大设计荷载。

目前有两种 ALC 板的节点连接方式，一种是用于欧美式连接，属于固定连接，通过连接板或其他连接构件直接把 ALC 板和支撑梁、柱固定在一起，这种连接设计简单方便，在工程使用较为广泛；另一种是在日本使用的非固定连接方式，施工较为麻烦，但可以抗震。不管采用何种连接方式，其设计方式一样，其配筋设计都由生产专业工程师计算，定型配筋，工程设计仅计算荷载，校核设计荷载。其节点设计均根据连接方式试验，得出设计节点荷载，所以在设计中并不能实际计算节点。

对于 ALC 板的配筋设计计算理论，我们将在第三篇蒸压加气轻质混凝土板分析计算中详细论述。

1. 设计条件

ALC 板结构计算图如图 10-1 所示。

种类：外墙板

板材长度：$L=5.2\text{m}$

板材宽度：$B=0.6\text{m}$

板材厚度：$D=150\text{cm}$

风荷载：$W_a=2200\text{N/m}^2$

2. 节点设计验算

ALC 板上的均布荷载为：

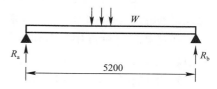

图 10-1 ALC 板结构计算简图

说明：1. 板材自重由托板传至主体结构，节点不承担板材自重

2. 节点只承担风荷载的作用

3. 暂不考虑板材悬挑

$$q = 2200 \times 0.6 = 1320\text{N/m}$$

支座反力 R_a 和 R_b：

$$R_a = R_b = q \cdot L/2 = 1320 \times 5.2/2 = 3432\text{N}$$

根据试验报告，150mm 厚板，ADR 节点，试验破坏荷载为 15071N，其节点破坏荷载 R_J 为 7536N，安全系数为：

$$R_J/R_a = 7536/3432 = 2.19 > 2$$

所以，选用的节点能满足要求。

10.2　围护墙体热工计算

加气混凝土是一种环保、利废、节能特性十分突出的建筑材料，在国外已广泛运用。我国 20 世纪 30 年代就有加气混凝土相关制品的生产并运用于建筑上，20 世纪 60 年代引入成套的生产技术和工艺后，产品制造和应用技术不断发展，产品标准、应用技术规程和设计图集不断更新和提高，形成了规模化生产和有效的质量控制体系，是能够满足南方和部分寒冷地区节能设计要求的唯一单一材料保温墙体。

为了实施和逐步推动建筑节能，1986 年我国颁布实施了《民用建筑热工设计规程》JGJ24—86、《民用建筑节能设计标准（采暖居住建筑部分）》JGJ26—86，1987 年颁布实施《采暖通用与空气调节设计规范》GB19—87，1993 年颁布实施了《民用建筑热工设计规范》GB50176—93 规范和标准。在热工规范中对围护结构保温隔热的最低要求作出了规定，使我国采暖地区建筑节能率在各地 1980～1981 年住宅通用设计能耗水平基础上节省 30%。由于种种原因，在我国三北地区并未全面实施，到 1995 年底，只有北京、天津、哈尔滨、西安、贵州、沈阳等少数几个城市总共不足 5000 万 m² 的建筑实施了这一措施。为了进一步推动建筑节能，提高节能水平，国务院以［1992］国发 66 号文提出"从 1995 年起我国严寒和寒冷地区城镇新建住宅全部按采暖能耗降低 50% 设计建造"，并按统一要求于 1996 年 7 月 1 日实施《民用建筑节能设计标准（采暖居住建筑部分）》JGJ26—95，即各地在 1980、1981 年住宅通用设计能耗水平基础上节能 50%。近年来，北京市为加快现代化步伐，提出率先实施节能 65% 的设计标准。在 50% 的总节能率中，要求建筑物本身承担约 30%，供热系统约承担 20%。2001 年又颁布实施了《夏热冬冷地区居住建筑节能设计标准》JGJ134—2001，《既有采暖居住建筑节能改造技术规程》JGJ129—2000，另外还有《夏热冬暖地区居住建筑节能设计标准》JGJ75—2003 及《公共建筑节能设计标准》GB50189—2005 等一系列标准。

在这些设计标准中，对建筑物的墙面、屋面和门窗达到 50% 甚至 65% 时的传热系数、热阻、气密性等热工性能指标作了具体规定。

1. 不同材料及构造组合的复合外墙热工特性

不同材料及构造组合的复合墙体热工特性见表 10-1。

不同材料及构造组合的复合墙体的热工特性 表 10-1

类　别	材料组合	厚度（cm）	热阻（m²·K/W）	隔热［W/(m²·K)］
A	石灰	2	0.022	1.431
	砖	12	0.133	—
	空气层	6	0.158	—
	砖	6	0.140	—
	石灰	2	0.022	—
	复合墙体	28	0.475+0.224	

续表

类　别	材料组合	厚度（cm）	热阻（m²·K/W）	隔热［W/(m²·K)］
B	石灰	2	0.022	0.612
	砖	12	0.133	—
	玻璃棉	4	0.930	—
	空气层	2	0.162	—
	砖	6	0.140	—
	石灰	2	0.022	—
	复合墙体	28	1.409＋0.224	—
C	石灰	2	0.022	0.876
	砖	12	0.133	—
	膨胀黏土	6	0.600	—
	砖	6	0.140	—
	石灰	2	0.022	—
	复合墙体	28	0.917＋0.224	—
D	石灰	2	0.022	0.605
	砖	12	0.133	—
	聚苯乙烯板	6	0.112	—
	砖	6	0.140	—
	石灰	2	0.022	—
	复合墙体	28	1.429＋0.224）	—
E	面层	1	0.011	0.492
	加气混凝土	25	1.786	—
	面层	1	0.011	—
	复合墙体	27	1.808＋0.224	—
F	面层	1	0.011	0.582
	加气混凝土	20	1.471	—
	面层	1	0.011	—
	复合墙体	22	1.493＋0.224	—
G	石灰	2	0.022	0.870
	聚苯乙烯板	4	0.741	—
	混凝土	20	0.105	—
	混合砂浆	2	0.057	—
	复合墙体	28	0.925＋0.224	—
H	面层	2	0.022	1.97
	烧结实心黏土砖	24	0.24	—
	面层	2	0.022	—
	复合墙体	28	0.284＋0.224	—
I	面层	2	0.022	1.50
	烧结实心黏土砖	37	0.399	—
	面层	2	0.022	—
	复合墙体	41	0.443＋0.224	—

2. 围护体系热工计算

（1）单一材料热阻

$$R = \delta / \lambda$$

式中　R——热阻（$m^2 \cdot K/W$）；

　　　δ——材料厚度（m）；

　　　λ——导热系数 $W/(m \cdot K)$，见表 10-2。

材料导热系数　　　　　　　　　　　　　　　表 10-2

序　号	材　料	导热系数 λ [$W/(m \cdot K)$]	说　明
1	混凝土	1.74	—
2	模塑聚苯板	0.045	—
3	砂浆	0.93	—
4	加气混凝土	0.19	密度为 500kg/m^3
5	腻子	0.33	—
6	石膏板	0.19	密度为 900kg/m^3
7	岩棉	0.041	—
8	空气	0.024	—
9	钢材	58.2	钢窗材料

（2）复合墙体传热阻

$$R_0 = R_i + \Sigma R_n + R_e$$

式中　R_0——复合墙体传热阻（$m^2 \cdot K/W$）；

　　　R_i——内表面转移阻（$m^2 \cdot K/W$），取 0.11；

　　　R_n——各层材料的热阻（$m^2 \cdot K/W$）；

　　　R_e——外表面转移阻（$m^2 \cdot K/W$），取 0.04。

（3）复合墙体主断面传热系数

$$K_0 = 1/R_0$$

式中　K_0——复合墙体主断面传热系数 [$W/(m^2 \cdot K)$]。

外保温复合墙体：180mm 厚混凝土＋50mm 厚模塑聚苯板＋5mm 厚抹灰，主断面传热系数计算如下：

混凝土热阻　$R_c = 0.18/1.74 = 0.1034 m^2 \cdot K/W$

聚苯板热阻　$R_e = 0.05/0.045 = 1.1111 m^2 \cdot K/W$

砂浆热阻　$R_m = 0.005/0.93 = 0.0054 m^2 \cdot K/W$

复合墙体热阻　$R_0 = 0.11 + 0.1034 + 1.1111 + 0.0054 + 0.04$

　　　　　　　　　$= 1.3699 m^2 \cdot K/W$

主断面传热系数　$K_p = 1/R_0 = 0.730 W/(m^2 \cdot K)$

（4）墙体平均传热系数

外保温复合墙体，做法同上，窗口小面有效解决热桥问题，4 个/m^2 锚栓，则墙体平均传热系数为：

$$K_m = K_p + 0.004 \times 4 = 0.746 \text{W}/(\text{m}^2 \cdot \text{K})$$

（5）按要求的传热系数计算保温材料厚度

节能 65% 要求 $K_m \leq 0.60 \text{W}/(\text{m}^2 \cdot \text{K})$，分别求内、外保温所需要的 EPS 厚度。

外保温，4 个/m² 锚栓，则

$$K_m = 1/(0.11 + 0.18/1.74 + \delta/0.045 + 0.04) + 0.004 \times 4 \text{W}/(\text{m}^2 \cdot \text{K}) \leq 0.60$$

其中　$\delta \geq 0.066\text{m} = 66\text{mm}$。

（6）ALC 板外墙的传热系数

外保温复合墙体：150mm 混凝土 + 2 层 3mm 腻子

加气混凝土热阻　$R_c = 0.15/0.175 = 0.86\text{m}^2 \cdot \text{K}/\text{W}$

腻子热阻　$R_m = (0.003 \times 2)/0.33 = 0.02\text{m}^2 \cdot \text{K}/\text{W}$

复合墙体热阻　$R_0 = 0.11 + 0.02 + 0.02 + 0.04$
$$= 1.03\text{m}^2 \cdot \text{K}/\text{W}$$

主断面传热系数　$K_p = 1/R_0 = 0.971 \text{W}/(\text{m}^2 \cdot \text{K})$

外保温复合墙体，做法同上，窗口小面有效解决热桥问题，4 个/m² 锚栓。

其墙体平均传热系数为：

$$K_m = K_p + 0.004 \times 4 = 0.97 + 0.016 = 0.986 \text{W}/(\text{m}^2 \cdot \text{K})$$

（7）新加坡环球影城外墙的传热系数

新加坡环球影城实际采用的外墙断面见图 4-13，其断面参数见表 10-3。

新加坡环球影城围护体系材料热工参数　　　　　表 10-3

墙体材料	加气混凝土	空气隔层（3层）	隔声岩棉（2层）	石膏板（2层）	吸声岩棉	腻　子
厚度 δ（mm）	150	200	160	24	50	6
导热系数 λ [W/(m·K)]	0.17	0.024	0.041	0.19	0.041	0.33
热阻 $R = \delta/\lambda$ (m²·K/W)	0.882	0.48	3.902	0.126	1.220	0.018

外保温，4 个/m² 锚栓

$$K_m = 1/(0.11 + 0.18/1.74 + \delta/0.045 + 0.04) + 0.004 \times 4 \leq 0.60 \text{W}/(\text{m}^2 \cdot \text{K})$$

其中　$\delta \geq 0.066\text{m} = 66\text{mm}$

复合墙体热阻　$R_0 = 0.11 + 0.882 + 0.48 + 3.902 + 0.126 + 1.22 + 0.018 + 0.04$
$$= 6.778\text{m}^2 \cdot \text{K}/\text{W}$$

主断面传热系数　$K_p = 1/R_0 = 0.1475 \text{W}/(\text{m}^2 \cdot \text{K})$

外保温复合墙体，做法同上，窗口小面有效解决热桥问题，4 个/m² 锚栓。

$$K_m = K_p + 0.004 \times 4 = 0.1475 + 0.016 = 0.1635 \text{W}/(\text{m}^2 \cdot \text{K})$$

由此可知，新加坡环球影城围护体系的综合传热系数不足 0.2W/(m² · K)，其热交换量非常小，节能效果非常理想。

10.3　围护墙体隔声计算

10.3.1　建筑围护结构的隔声概述

建筑围护结构构件的隔声，单指质量定律下空气声的隔绝。声音通过围护结构的传播，按传播规律有两种途径，一种是振动直接撞击围护结构，并使其成为声源，通过维护结构的构件作为媒介介质使振动沿固体构件传播，称为固体传声、撞击声或结构声；另一种是空气中的声源发声以后激发周围的空气振动，以空气为媒质，形成声波，传播至构件并激发构件振动，使小部分声音等透射传播到另一个空间，此种传播方式也叫做空气传声或空气声。而无论是固体传声还是空气传声，最后都通过空气这一媒质，传声入耳。门窗、幕墙等结构工程，需要计算的是空气声隔声，撞击声隔声是建筑结构楼板等构件产生的。

10.3.2　隔声计算基本定律

声的源头是振动，20Hz 的声音对人耳的感觉叫做"听阈"，20Hz 以下振动频率的声音叫做"次声"，20000Hz 的声音对人耳的感觉叫做"痛阈"，20000Hz 以上振动频率的声音叫做"超声"，次声及超声人耳都感觉不到。在实际隔声研究中，最常用的是六个倍频程，中心频率是 125Hz、250Hz、500Hz、1000Hz、2000Hz、4000Hz，基本上代表了常用的声频范围。

1. 噪声

噪声指的是人不想听到的声音，包括交通噪声、机器噪声、大声喧哗噪声、生活噪声等。噪声的产生和传递包括三个要素：噪声源、传播途径和受众。表 10-4 显示了噪声传播的三要素。

声音传播的三要素　　　　　　　　　　　　　　　　表 10-4

噪声源	传播途径	受众
鼓槌打鼓，鼓皮振动引起附近空气振动，产生声波而成为声源	鼓皮附近空气的振动经空气向四周传播	声波被人耳感觉到，经大脑处理形成听觉

绝大部分成年人能听到 100Hz 到 5000Hz 频率范围内的噪声。人们的交谈和建筑物内常见噪声的频率基本上都在 125Hz～4000Hz 之间。墙体的隔声量 STC 指的正是墙体对 125Hz 和 4000Hz 范围内噪声的隔声能力。

2. 分贝

分贝是用来表示声音相对强度的单位，物理声学上定义基准声压（$P_0 = 2 \times 10^{-5}$ Pa）对应 0 分贝。如果某噪声的声压为 P，则该噪声的分贝数 $= 20\log(P/P_0)$。因此，分贝实际上是一个指数单位，正如表示地震强弱的震级单位一样，6 级地震的破坏一般很小，而 7 级地震就可造成大的灾难。表 10-5 列举了各种常见噪声的平均强度，注意其实际的某瞬间的分贝值可能会高得多；表 10-6 显示的是人耳对噪声强度增加的敏感程度。

常见噪声的平均分贝高低　　　　　　　表 10-5

听　觉	噪声活动	分贝（dB）
非常痛苦	飞机引擎	120＋
非常刺耳	工业机器	100
很吵	交易大厅	80
中等	正常交谈	65
安静	乡下住宅区	45
非常安静	勉强听得到	25

人耳对噪声的分辨能力　　　　　　　表 10-6

每增加	人耳分辨力	每增加	人耳分辨力
1dB	勉强感觉	10dB	感觉声量加 1 倍
3dB	感觉到差异	20dB	感觉声量增加 4 倍
5dB	非常明显差异	—	—

3. 墙体隔声量 STC

墙体隔声量 STC 指的是墙体对 125～4000Hz 范围内的噪声从一个房间透过该墙体传播到相邻房间的隔声能力。隔声量越高，墙体隔声能力越强。墙体的隔声量可以按照 ASTM E90 标准检测。例如，有甲乙两个平行相邻的房间，中间被墙体 A 分隔。如果甲房间内某瞬间的噪声为 110dB，墙体 A 的隔声量 STC＝40dB，那么该瞬间此噪声透过墙体 A 传到乙房间后的噪声量则为＝110－40＝70dB。表 10-7 列出如果将墙体 A 的隔声量每增加 0～20dB 情况下，透过该改造后的墙体 A 传到乙房间后噪声的能量降低幅度。

噪声通过改造后墙体的实际声压降低幅度　　　　　　　表 10-7

改造后的墙体	隔声量增加（－40dB）	透过墙体噪声实际声压降低	人耳感知声量降低
40	0dB	0％	0％
43	3dB	50％	19％
46	6dB	75％	34％
50	10dB	90％	50％
60	20dB	99％	75％

维护结构构件的面密度越大，声频越高，构件的隔声量就越大，理论证实面密度增加 1 倍或噪声频率增加 1 倍，即提高一个频程，隔声量都会相应的增加 6dB，这就是质量定律。

入射于构件的声频是客观的，欲被隔离的噪声，其频率的组成、各声频的声压级的大小，建筑师是无法变更的。所以实际计算主要是考虑面密度（m），亦即质量是决定构件隔声效果的主要因素。

10.3.3　新加坡环球影城的隔声设计

新加坡环球影城的隔声设计采用 ASTM E90 标准或 ISO14000 实验室测量建筑物隔墙和构件的空气声音传输损失，以及其隔声等级的划分。为了证实围护体系隔声系统的可行性，要求在现场开展必要的隔声模拟试验。

　　每一座建筑物都是一个游乐设施，为了保证游客能舒适地尽情享受，室内都装有空调，并且对墙体提出了较高的要求，其中好莱坞剧院、4D影院1和4D影院2三座剧院的隔声标准为STC65（表10-8），这在国内建筑隔声要求很难见到，严格的隔声标准将确保证室外的噪声不传到室内，室内的声音也不传到室外，在强调隔声的同时，设计中还要求在内墙表面设置吸声层，以保证室内的音质。

新加坡环球影城外墙设计要求

表 10-8

序　号	区　域	建筑名称	隔　声
1	Egypt 古埃及城	DARK RIDE 2 黑暗骑士2	STC55
2	Dream Works 梦工厂	FLUME RIDE 2 木箱漂流	STC45
3		4D CINEMA 1 4D影院1	STC65
4		4D CINEMA 2 4D影院2	STC65
5	Hollywood 好莱坞剧院	HOLLY WOOD THEATRE 1 好莱坞剧院	STC65
6	New York City 纽约城	SOUND STAGE FACILITES 音乐厅	STC65
7		DARK RIDE 1 黑暗骑士1	STC45
8		DARK RIDE 3 黑暗骑士3	STC45
9		SHOW FACILITIES 演示厅	STC45

　　其主要建筑黑暗骑士2（DARK RIDE 2）采用了150mm厚预制混凝土外墙板；黑暗骑士1（DARK RIDE 1）、音乐厅（SOUND STAGE FACILITY）、演示厅（SHOW FA-CILITY）、黑暗骑士3（DARK RIDE 3）、好莱坞剧院（HOLLYWOOD THEATER 1）、激流勇进2（FLUEM RIDE 2）、4D影院1（4D CENIMA 1）和4D影院2（4D CENIMA 2）都全部采用了150mm厚蒸压加气混凝土墙板。

　　墙体在不同频率下的隔声量并不相同，一般规律是高频隔声量好于低频，材料越重，隔声效果越好，单位面积的质量提高一倍，隔声量提高6dB。120mm厚砖墙的面密度为260kg/m²，隔声量为46～48dB；240mm厚砖墙的面密度为520kg/m²，隔声量为52～54dB。孔洞对隔声墙也存在很大的影响，隔墙上如果出现缝隙和孔洞，会大大降低隔墙的隔声量。假如隔声墙体本身的隔声量达到50dB，而墙上有万分之一的缝隙和孔洞，则综合隔声量将下降到40dB。

　　钢结构的隔声墙，既要达到良好的隔声效果，又不能使墙体的重量太大。轻质墙隔声比黏土砖墙差，所以解决轻质隔墙的隔声问题是应用的关键问题。理论和实践都证明，试图使用单一轻质材料，如加气混凝土板、膨胀珍珠岩、陶粒混凝土等构成单层墙，隔声性能不可能好。这是因为单层墙的隔声受质量定律的控制，即墙越厚重、单位面积质量越大，隔声越好。

单层墙体因受质量定律的限制，必须是重墙才能获得良好的隔声性能。如果将墙体分成两层或多层，隔声量会显著提高。这是因为，声音撞击到第一层墙板时，透射的部分将进入两层墙板之间空腔，在空腔中来回反射多次后，一部分透射到墙体对面，另一部分被损耗掉。同时，两层之间的腔体有类似弹簧的作用，使墙板系统具有能消耗声音的弹性，进一步隔声。如果在腔体中填入岩棉、玻璃棉等吸声材料后，声音传播过程中在腔体中来回反射的声音将被大大衰减，隔声量大为提高。所以单一轻质材料做成单层墙，不可能克服既要轻又要隔声好的矛盾，只有组合的隔声墙才能解决这个矛盾。

当入射声波碰到墙体表面时，一部分被反射，一部分被吸收，而另一部分则经过墙体透射到另一空间。从理论上分析声波透过墙体整个过程十分复杂，因而通常假定墙体为面积无限大的薄板，以一柔顺结构作弯曲振动。由于声波疏密相间的压力推动，墙体就象膜片一样发生相应的振动，从而引起墙体另一侧空气分子作相应的振动而将声音传递了过去。墙体的振动主要由它的质量、劲度、阻尼和频率等所决定，其惯性（即质量）愈大，入射声波频率越高，墙体即越难振动。尤其对于单层墙来说，基本上符合"质量定律"，即墙体的单位面积质量（面密度，kg/m^2）越大，其隔空气声效果就越好。显然，这对轻质墙体隔声而言是不利的。

另外，与物理学所述的"共振现象"相似，墙体的固有频率如与入射声频率相同，则会发生"吻合效应"，从而在墙体的隔声频率特征曲线中造成隔声量的低谷——"吻合谷"，而使墙体计权隔声量下降。由于轻质墙体固有效率较高，一般在200Hz以上，恰巧在入射声音主要的可听频率范围之内，因而往往由于"吻合效应"影响而降低轻质墙体的隔声能力。鉴于此，增加墙板的阻尼，或是加大墙体面密度降低其吻合临界频率至100Hz以下，或是将其吻合临界频率提高到4000Hz以上的声音不可听见频率范围，都是改善轻质墙体隔声性能的有效途径。

在双层板之间填充多孔吸声材料或增加墙板阻尼，可将一部分声能转换为热能从而提高双层墙的隔声量。

对于隔声要求较高的墙体，采用单层轻质墙不能满足要求时，可采用中间带空气层的双层墙结构，两层墙板间相距50～100mm。由于板之间封闭空气层的弹性作用，这种双层墙构造即相当成为一个多层复合墙体，一般比单层墙体计权隔声量可提高6～10dB。

双层墙间如有刚性连接，声音能以振动的形式通过它，形成所谓的"声桥"，这往往会使墙体计权隔声量降低3～9dB。

利用声波在不同介质分界面上产生反射的原理，采用分层材料交替排列（一般软硬相间）构成多层复合板墙体，以此来减弱板的共振及在吻合临界频率区的声能辐射。只要面层和弹性层选择得当，获得同样的隔声量，它要比单层均质板结构轻得多，而且在可见声的主要频率范围内还可超过由质量定律计算得到的隔声量。因此，构成多层复合板墙体是减轻隔声构件重量和改善构件隔声性能的有效措施。

图10-2是STC65隔声预制混凝土板复合墙体断面图，使用岩棉和石膏板，加上内部吸声层，共13层，墙体厚度达722mm。150mm厚的预制混凝土板的隔声指标为STC55，而同等厚度的蒸压加气混凝土板隔声指标为32dB，如果同样使用岩棉加石膏板作为隔声复合墙体材料，其整个隔声墙体的厚度将超过800mm，这不仅增加了建筑成本，而且增

加了施工难度，严重影响施工进度。

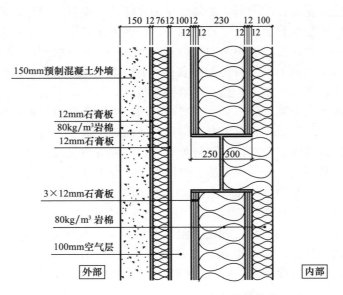

图 10-2　STC65 隔声预制混凝土板复合墙体断面图

蒸压加气混凝土内部构造独特，在材料内部含有大量非连同的气囊，使其具有良好的声学特性，具有强大吸声能力和隔声功能。

ALC 蒸压加气混凝土板是一种轻质板，其质量只有普通混凝土板五分之一；从隔声原理来讲，质量越大，其隔声效果越好，尤其是在低频生源作用时。

在新加坡环球影城项目中，我们采用 150mm 厚的蒸压加气混凝土板作为基本外墙板，为获得第一手隔声设计信息，根据《建筑构件空气隔声的实验室测量》（GBJ75—84）规定的测试方法，对蒸压轻质加气混凝土墙板进行空气隔声实验室测量。试件规格为 600mm（宽）×150mm（厚）×L 的蒸压轻质加气混凝土墙板，试验结果表明，150mm 的蒸压轻质加气混凝土墙板，其平均隔声指数可达 44.3dB，150mm 厚的预制混凝土墙板的隔声指标 STC 可达 55dB，由此可见，蒸压轻质加气混凝土墙板的隔声功能低于预制混凝土墙板。蒸压轻质加气混凝土墙板的隔声功能在低频声源区大大降低，其最小值仅为 32dB。把预制混凝土外墙板改成轻质加气混凝土板后，给其隔声带来了一系列问题，150mm 厚的预制混凝土板可达 STC 55，而 150mm 的蒸压加气混凝土板的隔声能力仅为 STC 32～STC42。

这种设计的主要缺陷是蒸压加气混凝土板、岩棉和石膏板质量都很小，使用岩棉和石膏板不能弥补轻质蒸压加气混凝土板阻隔低频声源的能力不足。为了弥补这一缺陷，我们用 80mm 厚、100kg/m³ 的金属岩棉板代替普通的岩棉，其金属面板厚度为 3mm，质量远大于石膏板和其他材料，其隔声量大，而且不会随声源频率而变，完全可以弥补轻质蒸压加气混凝土板在低频声源作用时隔声能力较低的缺陷。

新加坡环球影城中好莱坞剧院、4D 影院和音乐厅，设计隔声要求 STC65，原设计采用岩棉与石膏板等多达 12 层，施工繁琐。我们选用了 2 层金属岩棉夹芯板与 2 层石膏板组合，仅 4 层。金属岩棉夹芯板重量小，方便吊装，且石膏板可直接固定于金属岩棉夹芯板上面，无需另加骨架，方便施工，大大节省了工期。

图 10-3 为优化后的 STC65 隔声墙体断面图，该隔声复合墙体附加部分仅为 4 层，中间设计了 3 层空气隔声层，总厚度约为 600mm。这种设计不仅降低了建造成本，而且大大减少了安装工序，降低了施工难度，提高了施工功效。

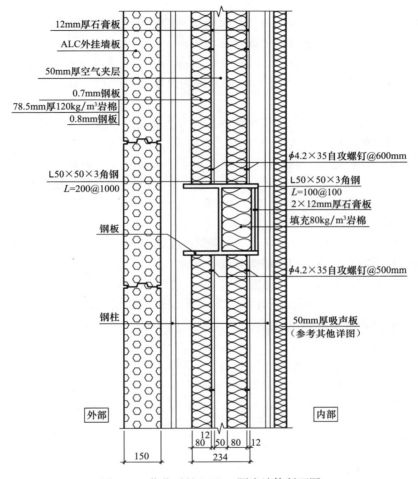

图 10-3　优化后的 STC65 隔声墙体断面图

其原理是运用多种密度的墙板，加上 3 层空气层，使声音在传播过程中受到多重阻隔，无论在高频区或是低频区都能表现出良好的隔声效果。

为了保证该优化设计能达到设计目标，使其隔声能力达到 STC65，我们按照英国隔声试验方法研究了轻质蒸压加气混凝土板加金属岩棉和石膏板的复合隔声墙体，并试验研究了轻质蒸压加气混凝土板加砖墙的隔声能力。

以蒸压轻质加气混凝土为外层墙的 STC65 复合墙体隔声试验结果表明，以蒸压轻质加气混凝土为外层墙的 STC65 复合墙体隔声量为 69dB，由于采用了金属岩棉复合板隔声，增加了墙体的质量，改善了低频声源穿过墙体时的隔声能力，大大减薄了轻质隔声墙体的厚度，完全可以满足设计要求。

以砖墙为外层墙的 STC65 复合墙体隔声试验研究表明，以砖墙为外层墙的 STC65 复合墙体隔声量为 71dB，其试验结果好于轻质蒸压加气混凝土板加金属岩棉和石膏板的复合隔声墙体。但由于建筑物高度超过 20m，考虑到施工安全和施工难度，最后选用轻质蒸压加气混凝土板加金属岩棉和石膏板的复合隔声墙体作为环球影城隔声墙体。

10.3.4　单一 ALC 板的隔声分析

声波在空气中传播时，一般用各种易吸收能量的物质消耗声波的能量，使声能在传播途径中受到阻挡而不能直接通过的措施，称为隔声。

用构件将噪声源和接收者分开，隔离空气噪声的传播，从而降低噪声污染程度。采用适当的隔声设施，能降低噪声级 20～50dB。这些设施包括隔墙、隔声罩、隔声幕和隔声屏障等。

隔声机理是如果把单层均匀密实材料的构件（忽略材料的弹性）看作是柔软的，它在受到声波激发时，构件的振幅大小就决定于构件的单位面积质量（称为面密度）、入射声波的声压和频率。构件越重，频率越高，透射波的振幅就越小，构件的隔声效果也越好。

由于隔声不仅与隔声材料、边界，还与声源、传导声音的介质有关，所有理论计算公式还是在一大堆假设条件下推导得出的，作为理论说明还可以，但作为计算就不可以了。所以很多国内外学者在大量试验的基础上导引出了一些经验公式，这些公式通常分为两类，一类是仅以质量（m）为参数，另一类则不仅以质量（m）为参数，同时在公式中考虑了频率对材料隔声的影响，似乎较为精确。

ALC 板是一种轻质材料，墙体厚度为 150mm，容重为 600kg/m³，其面质量为 90kg/m²，下面为分别用各种计算公式得出的计算结果，并根据《建筑隔声设计 空气声隔声技术》推荐的经验计算公式来考证 ALC 板隔声能力。

经验计算公式 1：

$$R = 23\lg m - 9 \quad (m \geqslant 200\text{kg/m}^2) \tag{10-1}$$

$$R = 20\lg m + 20\lg f - 42 \quad (m \leqslant 200\text{kg/m}^2) \tag{10-2}$$

选用式（10-2），假定频率为 500Hz，150mm 厚板的隔声指数为：

$$R = 20\lg(90) + 20\lg 500 - 42$$
$$= 51.06\text{dB}$$

经验计算公式 2：

$$R = 23\lg m + 11\lg f - 41 \quad (m \geqslant 200\text{kg/m}^2) \tag{10-3}$$

$$R = 13\lg m + 11\lg f - 18 \quad (m \leqslant 200\text{kg/m}^2) \tag{10-4}$$

选用式（10-4），假定频率为 500Hz，150mm 厚板的隔声指数为：

$$R = 13\lg 90 + 11\lg 500 - 18$$
$$= 37.06\text{dB}$$

经验计算公式 3：

$$R = 23\lg m - 11.5 \quad (m \geqslant 200\text{kg/m}^2) \tag{10-5}$$

$$R = 20\lg m + 11.5 \quad (m \leqslant 200\text{kg/m}^2) \tag{10-6}$$

选用式（10-6），假定频率为 500Hz，150mm 厚板的隔声指数为：

$$R = 20\lg 90 + 11.5$$
$$= 36.91\text{dB}$$

根据试验结果可知，150mm 厚的 ALC 板隔声量为 44.3dB。

经验计算公式 1 计算结果偏高 6.76dB，不宜采用，在设计中使用非常危险。而经验计算公式 2 和 3 较为接近，比实测值为小，可以用于估算。

从实测频率曲线看，ALC 板在频率 100～500Hz 区间内的隔声能力特别低，频率在 160Hz 时，其隔声量为 32dB，其主要原因是该频段接近与 ALC 材料的"吻合频率"，产生"吻合效应"影响而降低轻质墙体的隔声能力，在使用 ALC 板隔声时，要特别注意在 100～500Hz 区间的低频隔声问题。通常 ALC 都被广泛用于民用建筑的内隔墙和外隔墙，其噪声频率都处于较低频段，在 160Hz 时产生"吻合效应"，因此使用 ALC 必须考虑这一"吻合效应"。

我们以公式（10-4）为基础，考虑 ALC 在 160Hz 时产生"吻合效应"，可以计算 ALC 板的隔声量的计算公式：

$$R = 13\lg m + 11\lg f - 18$$
$$= 13\lg m + 11\lg 160 - 18$$
$$= 13\lg m + 11 \times 2.204 - 18$$
$$= 13\lg m + 24.245 - 18$$

则有：

$$R = 13\lg m + 6 \qquad (10\text{-}7)$$

根据式（10-7），可以计算 150mm 厚的 ALC 板隔声量为：

$$R = 13\lg m + 6$$
$$= 31.41\text{dB}$$

其值 31.41dB 与实测值 32dB 非常吻合（表 10-9）。

单一 ALC 板的隔声量　　　　　　　　　　表 10-9

序　号	板厚（mm）	面质量（kg/m²）	隔声量（dB）
1	75	45	27.49
2	100	60	29.12
3	150	90	31.41
4	200	120	33.03
5	250	150	34.28
6	300	180	35.32

表 10-9 中所示隔声量远低于生产厂家所提供的隔声量，因为表中隔声了 ALC 板在低频区的"吻合效应"。

10.3.5　环球影城复合隔声墙体的隔声分析

复杂的隔声构件是由一些单层构件组成，它在隔声机理上有单层构件的特性，同时又有各种单层构件综合的特性。

两个互不连接的单层构件之间有空气层的构件。空气层起着缓冲的弹性作用，但也能引起两层构件的共振。因此，双层构件的隔声量并非两层构件隔声量的叠加。如在空气层中加填多孔性吸声材料，则可减少共振而提高构件的隔声量。因空气层而增加的隔声量在一定范围内同空气层厚度成正比。通常，双层墙比同样重量的单层墙可增加隔声量 5dB 左右。

根据《建筑隔声设计——空气声隔声技术》一书推荐的经验计算公式来考证，双层墙的隔声计算仍然以质量定律为基础，空气层的隔声将以附加值的方式加入公式。

双层墙的隔声计算经验公式 1：

$$R = 18\lg(m_1 + m_2) + 8 + \Delta R \quad (m_1 + m_2 \geqslant 100\text{kg/m}^2, \geqslant 200\text{kg/m}^2) \quad (10\text{-}8)$$

$$R = 13.5\lg(m_1 + m_2) + 13 + \Delta R \quad (m_1 + m_2 \leqslant 100\text{kg/m}^2, \leqslant 200\text{kg/m}^2) \quad (10\text{-}9)$$

500Hz 为代表的单值隔声量经验计算公式 2：

$$R = 16\lg(m_1 + m_2) + 8 + \Delta R \quad (m_1 + m_2 \geqslant 200\text{kg/m}^2) \quad (10\text{-}10)$$

$$R = 13.5\lg(m_1 + m_2) + 14 + \Delta R \quad (m_1 + m_2 \leqslant 200\text{kg/m}^2) \quad (10\text{-}11)$$

500Hz 为代表的单值隔声量经验计算公式 2：

$$R = 23\lg(m_1 + m_2) - 9 + \Delta R \quad (m_1 + m_2 \geqslant 200\text{kg/m}^2) \quad (10\text{-}12)$$

$$R = 13.5\lg(m_1 + m_2) + 13 + \Delta R \quad (m_1 + m_2 \leqslant 200\text{kg/m}^2) \quad (10\text{-}13)$$

推荐的双层墙的隔声计算经验公式 3：

$$R = 23\lg(m_1 + m_2) - 11.5 + \Delta R \quad (m_1 + m_2 \geqslant 200\text{kg/m}^2) \quad (10\text{-}14)$$

$$R = 13\lg(m_1 + m_2) + 11.5 + \Delta R \quad (m_1 + m_2 \leqslant 200\text{kg/m}^2) \quad (10\text{-}15)$$

分频双层墙的隔声计算经验公式 4：

$$R = 26\lg(m_1 + m_2) - 14\lg f + \Delta R \quad (m_1 + m_2 \geqslant 200\text{kg/m}^2) \quad (10\text{-}16)$$

$$R = 18\lg(m_1 + m_2) + 12\lg f + \Delta R \quad (m_1 + m_2 \leqslant 200\text{kg/m}^2) \quad (10\text{-}17)$$

推荐的分频计算经验公式 5：

$$R = 23\lg(m_1 + m_2) + 11\lg f - 41 + \Delta R \quad (m_1 + m_2 \geqslant 200\text{kg/m}^2) \quad (10\text{-}18)$$

$$R = 13\lg(m_1 + m_2) + 11\lg f - 18 + \Delta R \quad (m_1 + m_2 \leqslant 200\text{kg/m}^2) \quad (10\text{-}19)$$

对 n 层隔声结构，其隔声计算公式可以做一些修正：

设 $m = m_1 + m_2 + \cdots + m_i + \cdots + m_n$

如果多层隔声结构具有一层空气层，那么有：

$$\Delta R = \Delta R_1 + \Delta R_2 + \cdots + \Delta R_i + \cdots + \Delta R_1$$

以上方程改为：

双层墙的隔声计算经验公式 1：

$$R = 18\lg m + 8 + \Delta R \quad (m_1 + m_2 \geqslant 100\text{kg/m}^2, \geqslant 200\text{kg/m}^2) \quad (10\text{-}8')$$

$$R = 13.5\lg m + 13 + \Delta R \quad (m_1 + m_2 \leqslant 100\text{kg/m}^2, \leqslant 200\text{kg/m}^2) \quad (10\text{-}9')$$

500Hz 为代表的单值隔声量经验计算公式 2：

$$R = 16\lg m + 8 + \Delta R \quad (m_1 + m_2 \geqslant 200\text{kg/m}^2) \quad (10\text{-}10')$$

$$R = 13.5\lg m + 14 + \Delta R \quad (m_1 + m_2 \leqslant 200\text{kg/m}^2) \quad (10\text{-}11')$$

500Hz 为代表的单值隔声量经验计算公式 2：

$$R = 23\lg m - 9 + \Delta R \quad (m_1 + m_2 \geqslant 200\text{kg/m}^2) \quad (10\text{-}12')$$

$$R = 13.5\lg m + 13 + \Delta R \quad (m_1 + m_2 \leqslant 200\text{kg/m}^2) \quad (10\text{-}13')$$

推荐的双层墙的隔声计算经验公式 3：

$$R = 23\lg m - 11.5 + \Delta R \quad (m_1 + m_2 \geqslant 200\text{kg/m}^2) \quad (10\text{-}14')$$

$$R = 13\lg m + 11.5 + \Delta R \quad (m_1 + m_2 \leqslant 200\mathrm{kg/m^2}) \tag{10-15'}$$

分频双层墙的隔声计算经验公式 4：

$$R = 26\lg m - 14\lg f + \Delta R \quad (m_1 + m_2 \geqslant 200\mathrm{kg/m^2}) \tag{10-16'}$$

$$R = 18\lg m + 12\lg f + \Delta R \quad (m_1 + m_2 \leqslant 200\mathrm{kg/m^2}) \tag{10-17'}$$

推荐的分频计算经验公式 5：

$$R = 23\lg m + 11\lg f - 41 + \Delta R \quad (m_1 + m_2 \geqslant 200\mathrm{kg/m^2}) \tag{10-18'}$$

$$R = 13\lg m + 11\lg f - 18 + \Delta R \quad (m_1 + m_2 \leqslant 200\mathrm{kg/m^2}) \tag{10-19'}$$

空气隔声量通常随空气层厚度增加而增加，50mm 空气层的附加隔声量为 10dB，100mm 空气层的附加隔声量为 12dB。

新加坡环球影城围护体系材料隔声参数 　　表 10-10

墙体材料	加气混凝土	空气隔层（3 层）	隔声岩棉（2 层）	铁片（共 4 层）	石膏板（2 层）	吸声岩棉
厚度 δ（mm）	150	200	78	2	12	50
质量（kg/m³）	600	—	120	7800	2960	80
面质量（kg/m²）	90	—	9.36	15.6	35.52	4.875

表 10-10 是新加坡环球影城围护体系材料隔声参数，并设有 3 层空气隔层，据此可得：

$$m = 90 + 2 \times 9.36 + 4 \times 15.6 + 2 \times 35.52 + 4.87$$
$$= 246.16\mathrm{kg/m^2}$$

$$\lg m = \lg 246.16$$

$$\Delta R = 12 + 12 + 6$$
$$= 30\mathrm{dB}$$

下面我们将根据以上信息来计算新加坡环球影城隔声墙的隔声量。

据方程（10-9'）有：

$$R = 13.5\lg 246.16 + 13 + 28$$
$$= 73.28\mathrm{dB}$$

据方程（10-11'）有：

$$R = 13.5\lg 246.16 + 14 + 28$$
$$= 74.28\mathrm{dB}$$

据方程（10-15'）有：

$$R = 13\lg 246.16 + 11.5 + 28$$
$$= 70.59\mathrm{dB}$$

据方程（10-17'），频率取 500Hz 时有：

$$R = 18\lg 246.16 + 12\lg 500 + 28$$
$$= 103.43\mathrm{dB}$$

据方程（10-17'），频率取 160Hz 时有：

$$R = 18\lg 246.16 + 12\lg 160 + 28$$
$$= 97.49\mathrm{dB}$$

据方程（10-19'），频率取 500Hz 时有：
$$R = 13\lg 246.16 + 11\lg 500 - 18 + 28$$
$$= 70.77 \text{dB}$$

据方程（10-19'），频率取 160Hz 时有：
$$R = 13\lg 246.16 + 11\lg 160 - 18 + 28$$
$$= 65.33 \text{dB}$$

围护体系隔声计算结果见表 10-11。

新加坡环球影城围护体系隔声计算结果　　　　　　表 10-11

序　号	方　　程	频率（Hz）	隔声量（dB）	与试验结果的差值（dB）
1	（10-9'）	经验	73.28	4.28
2	（10-11'）	500	74.28	5.28
3	（10-15'）	—	70.59	1.59
4	（10-17'）	500	103.43	34.43
5	（10-17'）	160	97.49	28.49
6	（10-17'）	125	96.20	27.2
7	（10-19'）	500	70.77	1.77
8	（10-19'）	160	65.33	−3.67
9	（10-19'）	125	64.15	−4.85

根据试验结果，新加坡环球影城复合墙体隔声量为 69dB，从试验结果可知，ALC 复合墙的"吻合效应"的频率提前，在 125Hz 时，隔声量最低，仅为 49dB。

表中还给出了频率在 160Hz 时的计算结果，但"吻合效应"的频率区段较小，不像 ALC 板那样明显，所以对于 ALC 板的复合隔声结构，可以不再考虑"吻合效应"。

从表 10-11 中计算分析可知，对于 ALC 复合隔声结构的隔声计算，方程（10-19'）的计算结果最好，对于 ALC 板的复合隔声结构的隔声计算建议采用：

$$R = 13\lg m + 11\lg f - 18 + \Delta R$$
$$= 13\lg m + 11\lg 500 - 18 + \Delta R$$

则有：

$$R = 13\lg m + 11 + \Delta R \tag{10-20}$$

根据方程（10-20），我们有：

$$R = 13\lg m + 11 + \Delta R$$
$$= 13\lg 246.16 + 11 + 28$$
$$= 70.9 \text{dB}$$

其结构仅比实测值多 1.09dB，完全可以满足设计要求。

第三篇　蒸压轻质加气混凝土板分析计算

11　基本设计方法

通常蒸压轻质加气混凝土产品可分为两类：非配筋 ALC 构件和配筋 ALC 构件，ALC 砖属于非配筋 ALC 构件，ALC 楼板、ALC 屋面板、ALC 墙板和 ALC 过梁都是结构构件，可以根据荷载进行配筋设计，属于配筋 ALC 构件。下面我们将重点描述蒸压加气混凝土配筋构件的详细设计方法，ALC 配筋构件的设计将以极限强度理论为依据，满足结构的安全和耐用要求，在正常使用极限状态下，根据允许应力对使用荷载下的 ALC 构件进行强度分析，以确定配筋量。

11.1　分析和设计基本条件

下面主要介绍蒸压加气混凝土配筋构件的设计方法。在极限状态的基础上，给出设计的基本假定，安全性和使用性能相关的设计准则，以及考虑极限强度下的安全性和耐用性，并比较不同的允许应力方法及其设计方法。

在分析时，我们首先假定，平面内的断面在弯曲后仍然在同一个平面内。

对于弯曲构件，其承载能力的计算公式将根据应力应变关系图的等效和均衡原则导出。

对于蒸压加气混凝土配筋构件，假设蒸压加气混凝土不能承受拉应力，并假定 ALC 屋面和 ALC 楼板为简支板，铰接支撑，外力分布在板外，不考虑板内承载。

在配筋板设计中，将计算受压钢筋所承受的压力，不计钢筋所承受的剪力，作为无剪切钢筋板来进行剪切设计。

11.2　允许应力和极限强度设计

通常钢筋混凝土构件的设计方法是按照极限强度理论来进行。

迄今为止，美国规范中并没有蒸压加气混凝土结构的建筑规定。ACI 联合会 523.2 已经发出了"预制空心混凝土地板、屋面、墙面指南"，介绍了设计蒸压加气混凝土配筋构件的选择设计方法。

RILEM 联合会（78-MCA 和 51-蒸压加气混凝土）提出了拓展研究，建议根据极限状态设计法（极限强度）进行综合设计。

这里所描述的设计方法是根据 RILEM 联合会所建议的方法导出的，同时可以满足 ACI 318-95 提出的安全和耐用性的要求。我们在弯曲和剪力设计中所使用的安全系数也符合 ACI 318-95 的相关要求。

所采用的荷载承载力法所计算的结果要比用极限强度和允许应力这两种设计方法所得结果低。

11.3 强度极限状态

极限状态可分为两种：可使用性极限和强度极限。强度极限是指构件的最大承载力，且与结构的安全要求直接相关。一个结构的"最终"状态极限是指构件的临界断面所承受的荷载超出结构最大强度，而造成构件临界断面破坏。

由于蒸压加气混凝土板主要用作屋面板和楼板、墙板和过梁，在使用过程中主要呈现弯曲状态，所以最终强度极限状态可以被分成弯曲、剪切和锚固。

1. 弯曲强度

对于处于弯曲状态的蒸压加气混凝土构件的承载力计算，可以采用安全系数和所作用弯矩的关系来表示。

2. 剪切强度

与弯曲强度相似，剪切强度也将满足相应规范对结构安全的要求。

此外，类似于 ALC 配筋构件，ACI 523.2 强调了无配筋构件剪应力的极限。这里所描述的设计方法也将遵循这些设计要求。

3. 锚固和粘结破坏

对于蒸压加气混凝土配筋构件，由于钢筋的锚固力，钢筋将承受设计抗拉应力。锚固方式有两种：

（1）构造锚固；

（2）蒸压加气混凝土和抗拉钢筋之间的粘结。

所谓构造锚固是在纵向抗拉钢筋上焊接横向钢筋，以增加锚固力。ACI 523.2/R-96（4.9 节）给出了所需横向钢筋的最小数目、分布和焊接抗剪强度。

横向钢筋的数目可以根据所指定的安全系数，由于横向钢筋所引起的纵向钢筋的拉应力来计算横向钢筋的数量。在横向钢筋设计中，将忽略蒸压加气混凝土和钢结构之间的粘结力。

11.4 正常使用极限状态

第二类极限状态就是结构的正常使用极限状态，正常使用极限状态是控制结构正常使用功能的一种准则。

直接影响正常使用极限状态的主要因素为变形和裂缝：

（1）变形影响结构或非结构构件的正常使用或外观；

（2）裂缝降低了结构的使用寿命或影响结构构件的正常使用或外观。

提出构件功能性要求的目的在于限制使用状态下构件的变形和裂缝，在以下几节中，将会给出具体介绍。

1. 变形

结构变形分析是要计算出设计变形，确定结构的最大允许变形，把设计变形控制在最大允许变形范围内，其结构的最大允许变形值可以根据当地相应的规范来选取。

2. 裂缝的控制

控制 ALC 构件的裂缝，可以确定 ALC 构件的最大允许裂缝宽度或 ALC 构件的最大允许拉应力，把 ALC 构件的裂缝宽度或拉应力的设计值限制在最大允许值范围内。

3. 防火

每一个国家的防护设计要求都不一样，防火标准和规范都把结构防火的时间作为衡量标准，其材料的防火试验方式不一样。

防火设计要求包括：

（1）防止承力结构失稳；

（2）防止火患扩散（完整性）；

（3）防止过热（绝缘性）。

防火设计表示其结构在规定的防火最短时间内结构不破坏。对于蒸压加气混凝土产品来说，素蒸压加气混凝土必须满足最小防火厚度要求，对于配筋蒸压加气混凝土结构，钢筋的保护层必须大于防火设计要求所规定的值。图 11-1 说明了蒸压加气混凝土板的防护设计要求。

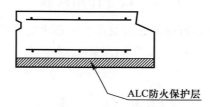

图 11-1　蒸压加气混凝土板横断面，额外的防火要求保护层

12 荷 载

为了保证结构的安全性和可使用性，当设计一个结构构件时，有必要确认不同的荷载类型、作用时间和荷载持续时间，下面给出不同的荷载组合。

12.1 设 计 荷 载

设计荷载（q_d）是活荷载和恒定荷载以及结构的自重。

$$q_d = C_v + C_m + P_p \qquad (12\text{-}1)$$

12.2 设计作用荷载

设计作用荷载（q_s）是配筋蒸压加气混凝土板的最大允许荷载，不包括构件的自重。

$$q_s = C_v + C_m \qquad (12\text{-}2)$$

12.3 自 重

蒸压加气混凝土板的自重（P_p）计算公式如下：

$$P_p = \rho_d \cdot d \qquad (12\text{-}3)$$

12.4 恒 定 荷 载

总恒定荷载（C_m）（不包括板的自重），将包括饰面和抹灰（板、吊顶、穹顶）、隔墙、防水材料、管道以及特殊永久荷载（枝状吊灯、防火、空调设施、浴缸等），其计算公式为：

$$C_m = f_{cm} \cdot q_s \qquad (12\text{-}4)$$

其中，f_{cm}是实际作用在设计构件上的恒定荷载系数，其值<1。

恒定荷载可分解如下：

$C_{m\text{-}ae}$：在非结构构件装配前或施工时的永久恒定荷载（次构件：如隔墙）。

$$C_{m\text{-}ae} = f_{cm\text{-}ae} \cdot C_m \qquad (12\text{-}5)$$

其中，$f_{cm\text{-}ae}$是实际作用在设计构件上的荷载系数，其值<1。

$C_{m\text{-}de}$：在连接在设计构件上的非结构构件所产生的永久恒定荷载。

$$C_{m\text{-}de} = f_{cm\text{-}de} \cdot C_m \qquad (12\text{-}6)$$

其中，$f_{cm\text{-}de}$是由非结构构件而产生、实际作用在设计构件上的荷载系数，其值<1。

实际作用在设计构件上的恒定荷载系数 f_{cm} 和非结构构件而产生、实际作用在设计构件上的荷载系数 $f_{cm\text{-}de}$ 之和等于 1。

$$f_{cm\text{-}ae} + f_{cm\text{-}de} = 1 \qquad (12\text{-}7)$$

这些定义将被用来计算长期挠度以及变形。

12.5 活 荷 载

活荷载（C_v）由结构物的使用、现有附近的建筑物和设计规范决定。

$$C_v = f_{cv} \cdot q_s \qquad (12\text{-}8)$$

其中，f_{cv} 是一个系数（<1），表示设计作用荷载 q_s 作为活荷载的比例。

活荷载分解如下：

C_{vp}：长期活荷载

$$C_{vp} = f_{cvp} \cdot C_v \qquad (12\text{-}9)$$

其中，f_{cvp} 是一个系数（<1），表示长期应用在结构上的活荷载比例。

$C_{v\text{-}cd}$：短期活荷载

$$C_{v\text{-}cd} = f_{cv\text{-}cd} \cdot C_v \qquad (12\text{-}10)$$

其中，$f_{cv\text{-}cd}$ 是一个系数（<1），表示短期应用在结构物上的活荷载比例。

长期应用在结构上的活荷载比例系数 f_{cvp} 和短期应用在结构物上的活荷载比例系数 $f_{cv\text{-}cd}$ 之和等于 1。

$$f_{cvp} + f_{cv\text{-}cd} = 1 \qquad (12\text{-}11)$$

这些定义将用于长期挠度计算和变形计算。

由于设计超荷 "q_s" 是 "C_v" 和 "C_m" 之和，那么：

$$f_{cv} + f_{cm} = 1 \qquad (12\text{-}12)$$

12.6 收缩和温度应力

在 ALC 构件的设计中，不考虑由于收缩和温度而产生的力。

13 允 许 应 力

13.1 概　　述

蒸压加气混凝土上许用应力与抗压强度密切相关，通常蒸压加气混凝土抗压强度：

$$GB3.3/0.6 \Rightarrow f_{cu} = 35kg/cm^2$$

$$GB4.4/0.7 \Rightarrow f_{cu} = 50kg/cm^2$$

GB3.3/0.6 和 GB4.4/0.7 是配筋 ALC 板的产品代号，其特性见表 13-1：

ALC 板特性表　　　　　　　　　　　　　　　　　　表 13-1

特　性	配筋 ALC 板	
	GB3.3/0.6	GB4.4/0.7
最大干密度（kg/m³）	600	700
设计重量（kg/m³）	720	840
压缩强度（kg/m²）	35	50
弹性模量（kg/m²）	17500	25000
干收缩系数（mm/m）	0.25	0.25
热膨胀系数（K⁻¹）	8×10^{-6}	8×10^{-6}
抗冻融系数	0.979	0.979
平均含水率（%）	8	8
导热系数（W/m℃）	0.14	0.17

　　ACI318/95 附件 A 中所规定的允许应力是基于圆柱体试件（f_c'）的抗压强度。这里所述 ALC 的抗压强度是基于立方体（f_{cu}）试验。因此，有必要将 f_{cu} 转成 f_c' 的等效数值。

　　根据 BS 1881：Part 4：1970，圆柱体的强度是立方体强度的 4/5，但是正常密度的混凝土试验显示，两种形状的试件强度之间并没有简单的比例关系（Neville，1993）。圆柱体强度和立方体强度之比很大程度上取决于试块端部约束条件和混凝土的抗压强度。作为对蒸压加气混凝土研究，该手册也将采纳 BS 1881 用于正常混凝土的比值 4/5。因此，

$$f_c' = 0.8 f_{cu}$$

然后，

$$GB3.3/0.6 \Rightarrow f_c' = 28kg/cm^2$$

$$GB4.4/0.7 \Rightarrow f_c' = 40kg/cm^2$$

13.2 蒸压加气混凝土弯曲应力

　　根据 ACI 318/95 附件 A（A.3.1）最大边缘应力不会超过 $0.45 f_c'$，那么，

$$GB3.3/0.6 \Rightarrow 0.45 f'_c = 12.60 \text{kg/cm}^2$$
$$GB4.4/0.7 \Rightarrow 0.45 f'_c = 18.00 \text{kg/cm}^2$$

13.3　蒸压加气混凝土拉伸应力

在蒸压加气混凝土配筋构件中，蒸压加气混凝土不承受拉应力。

13.4　蒸压加气混凝土承载应力

ACI 318/95 附件规定了蒸压加气混凝土上允许单元承载应力，其值不应超过 $0.3 f'_c$，那么，

$$GB3.3/0.60 \Rightarrow f'_c = 8.40 \text{kg/cm}^2$$
$$GB4.4/0.70 \Rightarrow f'_c = 12.00 \text{kg/cm}^2$$

如果所有边的支撑面积都大于荷载面积时，承载面积上的允许承载应力可乘以 1～2 的系数，但不得大于 2。如果承载面积是斜面或阶梯状时，可作为锥体来处理，锥体底部为支承面积，顶部为荷载作用面积，垂直面系数为 1，水平面系数为 2。

13.5　蒸压加气混凝土剪应力

ACI 318/95 附件 A 中的设计准则不适用于蒸压加气混凝土配筋构件，因为这种构件没有剪切钢筋。对于这种情况，ACI 523.2/R-96（4.3.2）规定蒸压加气混凝土的允许剪应力（ν_c）不应超过 $0.03 f'_c$。那么，

$$GB3.3/0.6 \Rightarrow 0.03 f'_c = 0.84 \text{kg/cm}^2$$
$$GB4.4/0.7 \Rightarrow 0.03 f'_c = 1.20 \text{kg/cm}^2$$

13.6　钢　　筋

根据 ASTM A82-90a 的《配筋混凝土的钢丝、普通钢筋标准规程》，对于钢筋焊接网制作中使用的材料，屈服强度应遵守下列要求：最小屈服强度为 450MPa（65000psi）。

对于蒸压加气混凝土配筋构件，如使用等级为 70 的钢筋（由 ASTM A82-90a 分类）。对于这种钢筋，其屈服强度（f_y）为：

$$f_y = 4925 \text{kg/cm}^2 = 483 \text{MPa}(70000 \text{psi})$$

ACI 318/95 的附件 A（A.3.2）规定，对于等级为或大于 60 的钢筋和焊接网片（圆钢或螺纹钢），钢筋的拉应力应不超过 165MPa（1680kg/cm^2-24000psi）。另外，ACI 523.2/R-96（4.3.1）规定钢筋的允许设计应力应不超过所规定的最大屈服强度 24000psi 的一半。所以，我们有：

$$f_s \leqslant \begin{cases} 165(\text{MPa}) \\ 0.5 f_y = 0.5 \times 483 = 241.5(\text{MPa}) \end{cases}$$

因此，

$$f_{\text{sperm}} \leqslant 165\text{MPa}(1689\text{kg}/\text{cm}^2 = 24000\text{psi})$$

13.7　焊接剪应力

蒸压加气混凝土配筋构件中的纵向弯曲钢筋通过焊接在纵向弯曲钢筋上的横向钢筋，形成构造锚固，并与蒸压加气混凝土共同作用，产生所需的张力。ACI 523.2/R-96 (4.9.2) 规定受剪力作用的焊接钢筋网所承担的应力至少应为纵向钢筋的屈服强度和其面积之积的二分之一。

13.8　钢筋和蒸压加气混凝土间的接触面特性

蒸压加气混凝土和钢筋之间的接触面特性，可以用钢筋的拉拔试验来确定其锚固能力。在拉拔试验中，如产生 0.1m 的滑动，即认为已经破坏，这是破坏准则。另外，钢筋防腐涂料的物理和力学性能也将会影响蒸压加气混凝土和钢筋之间的接触面特性。

在锚固设计中，将不计蒸压加气混凝土和钢筋之间的粘结力。钢筋的锚固力将由横向钢筋来承担，横向钢筋必须焊接在纵向钢筋上，这种设计假定是比较保守的方法。

14 允许挠度

与钢筋混凝土构件一样，如 ACI1318/95 所示，受弯的蒸压加气混凝土构件应有足够刚度来抵抗影响其强度和使用性的挠度（见 ACI318/95，第 9.5.1 节），见表 14-1。

根据 ACI 318/95 给出的允许挠度　　　　　　　　　表 14-1

构件种类	挠度	允许挠度
可能产生大变形破坏的无支撑平屋顶板或与之相连的非结构构件	活荷载 C_v 引起的即时挠度	$I_d/180$
可能产生大变形破坏的无支撑楼板或与之相连的非结构构件	活荷载 C_v 引起的即时挠度	$I_d/360$
可能产生大变形破坏的楼板、屋面板的支撑或与之相连的非结构构件	加上非结构构件后所产生的挠度（即由所有作用荷载和任何附加活荷载作用下，所引起的长期挠度总和）	$I_d/480*$
不可能产生大变形破坏的楼板、屋面板的支撑或与之相连的非结构构件		$I_d/240$

注：如果采取了足够的措施来防止结构支撑或附加构件的破坏，可以调整该允许挠度值。

15 允许缝隙宽度

考虑到结构的长久性和审美要求，完全有必要限制蒸压加气混凝土构件的缝隙宽度。对于蒸压加气混凝土构件，假如允许出现可视裂缝，其裂缝宽度则取决于蒸压加气混凝土的耐腐蚀性、涂层材料性质以及防火要求，并严格按照 ACI 318/95（第 10.6.4 节）限制规定：

（1）内部缝隙宽度：0.406mm；

（2）外部缝隙宽度：0.330mm。

在蒸压加气混凝土板中设计受拉钢筋可以有效地限制缝隙宽度，在本书 16.5 节中将详细说明计算步骤。

16 设 计 方 法

16.1 抗 弯 设 计

在 RILEM 联合会推荐的蒸压加气混凝土应用（性质、测试和设计）中，提出了两种决定蒸压加气混凝土配筋构件的极限状态的方法：

（1）"局部"安全系数法：对作用荷载和材料强度使用"局部"安全系数来计算荷载效应和阻力。

（2）"综合"安全系数法：对作用荷载效应使用"综合"安全系数来计算最大设计强度；或对最大设计强度使用"综合"安全系数来计算允许使用荷载。

对于一般的蒸压加气混凝土配筋构件弯曲设计，可运用"综合"方式。在本书 16.6 节中将比较安全荷载和 ACI 315-95 附件 A 中所采用的阻抗系数。

我们还将在本书 16.6 节中，研究满足 ACI 315-95 附件 A 中所提要求的合理方法。

1. 设计假定

对于蒸压加气混凝土加筋构件，为了计算其抗弯曲能力，需要确定在其理想状态下的应力应变关系，导出相应的等效方程式。蒸压加气混凝土抗弯设计所使用的估算参数如下（图 16-1 和图 16-2）：

$$\varepsilon_{cy} = 0.002$$
$$\varepsilon_{cu} = 0.003$$
$$\varepsilon_{su} = 0.005$$

设计假定详见前述 11.1。另外，对于受压钢筋，最大应力假定为 $0.75f_y$。

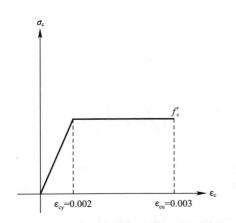

图 16-1 蒸压加气混凝土的应力应变关系

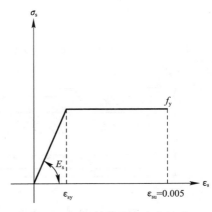

图 16-2 钢筋的应力应变关系

在蒸压加气混凝土构件中增加抗拉钢筋的数量，断面的中性轴深度将随之增加。根据这些特性及上述参数和假定，可以把不同配筋的蒸压加气混凝土构件分成少筋板、适度配筋构件、超筋构件和挤压破坏四种，下面我们将分别导出蒸压加气混凝土构件承载力计算方法。

2. 情况一：少筋板

在弯曲破坏时，其应力应变关系式如下：

$$\sigma_c \leqslant f_{cu}, \quad \varepsilon_c \leqslant \varepsilon_{cy}$$
$$\sigma_s = f_y, \quad \varepsilon_s = \varepsilon_{su} = 0.005$$
$$\sigma_s' = 0.75 f_y$$

对于这种情况，中性轴位置（图16-3～图16-5）：

$$x_n = s \cdot h \tag{16-1}$$

并且：

$$s = -a_1 + \sqrt{a_1^2 + 2a_1} \tag{16-2}$$

$$a_1 = (c - c') \frac{\varepsilon_{cy}}{\varepsilon_{su}} \tag{16-3}$$

$$c = \frac{A_s f_y}{bh f_{cu}} \tag{16-4}$$

$$c' = 0.75 c \left(\frac{A_s'}{A_s} \right) \tag{16-5}$$

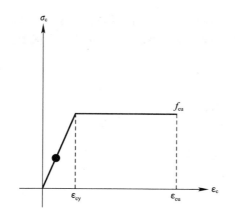

图16-3 情况一：蒸压加气混凝土应力应变关系

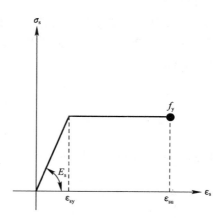

图16-4 情况一：钢筋的应力应变关系

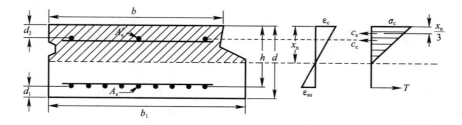

图16-5 情况一：蒸压加气混凝土加筋板的截面应力应变几何图

极限弯矩（弯曲荷载承载力）如下，详见图 16-5：

$$M_{uf} = f_{cu}bh^2\left[s^2\left(\frac{1-s/3}{1-s}\right)\left(\frac{\varepsilon_{su}}{2\varepsilon_{cy}}\right) + c'\left(1 - \frac{d_2}{h}\right)\right] \quad (16-6)$$

方程的适用范围如下：

$$\varepsilon_c \leqslant \varepsilon_{cy}$$

$$s \leqslant \left(\frac{\varepsilon_{cy}}{\varepsilon_{cy}+\varepsilon_{su}}\right) = \frac{0.002}{0.002+0.005} = 0.286$$

允许的设计弯矩如下：

$$M_{permf} = \frac{M_{uf}}{\gamma_{uf}} \quad (16-7)$$

其中，γ_{uf} 是蒸压加气混凝土加筋构件受弯曲情况下的综合安全系数。RILEM 联合会推荐使用 $\gamma_{uf}=1.8$；同时在测试一个单独的弯曲部件时，在 ACI 523.2/R-96（第 6.1 节）采用 $\gamma_{uf}=2.0$。因此，在此设计方法中，采用 $\gamma_{uf}=2.0$。

在本书第 16.6 节中提供了 ACI 318/95 运用的安全因素比较。

3. 情况二：适度配筋构件

适度配筋构件弯曲破坏时的应力应变条件为：

$$\sigma_c = f_{cu}, \quad \varepsilon_{cy} \leqslant \varepsilon_c \leqslant \varepsilon_{cu} \quad (16-8a)$$

$$\sigma_s = f_y, \quad \varepsilon_s = \varepsilon_{su} = 0.005 \quad (16-8b)$$

$$\sigma'_s = 0.75 f_y \quad (16-8c)$$

中性轴位置见图 16-6～图 16-8。

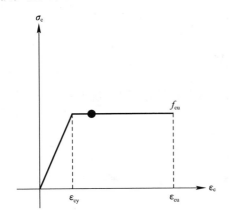

图 16-6　情况二：蒸压加气混凝土应力应变关系

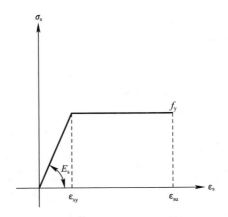

图 16-7　情况二：钢筋的应力变化关系

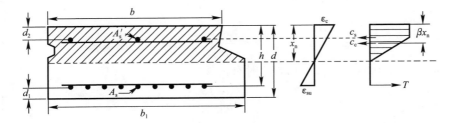

图 16-8　情况二：蒸压加气混凝土加筋板的截面应力应变几何图

$$x_{n} = s \cdot h \tag{16-9}$$

并且，

$$s = \frac{k + c - c'}{1 + k} \tag{16-10}$$

$$k = \frac{\varepsilon_{cy}}{2\varepsilon_{su}} \tag{16-11}$$

$$c = \frac{A_s f_y}{bh f_{cu}} \tag{16-12}$$

$$c' = 0.75c\left(\frac{A_s'}{A_s}\right) \tag{16-13}$$

弯曲承载力如下：

$$M_{uf} = f_{cu}bh^2\left[\alpha s(1-\beta s) + c'\left(1 - \frac{d_2}{h}\right)\right] \tag{16-14}$$

并且，

$$\alpha = 1 - \frac{(1-s)k}{s} \leqslant \alpha_{max} \tag{16-15}$$

当 $\varepsilon_{cy} = 0.002$，$\varepsilon_{cu} = 0.003$，$\alpha_{max} = 0.667$ 时有：

$$\beta = \frac{2k(1-s)[-1+2k(1-s)/(3s)]+s}{2s-2k(1-s)} \tag{16-16}$$

要求 $\beta \leqslant (\beta_{max} = 0.361)$

以上公式必须满足下面条件：

$$0.286 \leqslant s \leqslant \left(\frac{\varepsilon_{cu}}{\varepsilon_{cu}+\varepsilon_{su}}\right) = \frac{0.003}{0.003+0.005} = 0.375$$

允许的设计弯矩为：

$$M_{permf} = \frac{M_{uf}}{\gamma_{uf}} \tag{16-17}$$

与以上第 16.1.2 节类似，$\gamma_{uf} = 2.0$ 是蒸压加气混凝土加筋构件在弯曲情况下的综合安全系数。

4. 情况三：超筋构件

如图 16-9～图 16-11，在超筋构件的弯曲破坏情况下，

$$\sigma_c = f_{cu}, \quad \varepsilon_c = \varepsilon_{cu} = 0.003$$
$$\sigma_s = f_y, \quad \varepsilon_{sy} \leqslant \varepsilon_s \leqslant \varepsilon_{su}$$
$$\sigma_s' = 0.75f_y$$

中性轴的位置：

$$x_n = s \cdot h \tag{16-18}$$

并且，

$$s = \frac{c - c'}{\alpha_{max}} \tag{16-19}$$

当 $\varepsilon_{cy} = 0.002$，$\varepsilon_{cu} = 0.003$，$\alpha_{max} = 0.667$ 时有：

$$c = \frac{A_s f_y}{bh f_{cu}} \tag{16-20}$$

$$c' = 0.75c\left(\frac{A_s'}{A_s}\right) \tag{16-21}$$

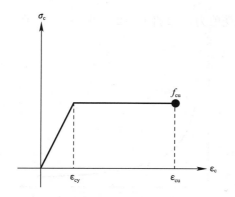

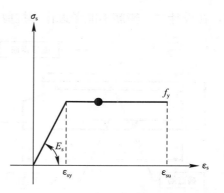

图 16-9　情况三：蒸压加气混凝土的应力变化关系　　　图 16-10　情况三：钢筋的应力变化关系

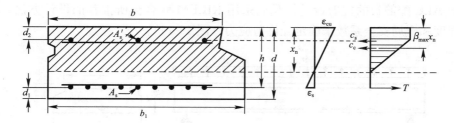

图 16-11　情况三：蒸压加气混凝土加筋板的截面应力应变几何图

弯曲承载力计算公式如下：

$$M_{uf} = f_{cu}bh^2\left[\alpha_{max}s(1-\beta_{max}s) + c'\left(1-\frac{d_2}{h}\right)\right] \quad (16\text{-}22)$$

上述方程必须满足下列条件：

$$0.375 \leqslant s \leqslant \left(\frac{\varepsilon_{cu}}{\varepsilon_{cu}+\varepsilon_y}\right) = \frac{0.003}{0.003+0.0024154} = 0.5541$$

$$0.375 \leqslant s \leqslant 0.5541$$

同时，

$$\varepsilon_{sy} = \frac{\sigma_y}{E_s} = \frac{4926\text{kg/cm}^2}{2.04 \times 10^6\,\text{kg/cm}^2} = 0.0024154$$

得出允许设计弯矩：

$$M_{permf} = \frac{M_{uf}}{\gamma_{uf}} \quad (16\text{-}23)$$

与本书第 16.1.2 节类似，$\gamma_{uf}=2.0$，是蒸压加气混凝土加强件弯曲情况下的全局安全系数。

　　5. 情况四：挤压破坏

　　第四种情况是挤压破坏，在蒸压加气混凝土构件设计中我们将不考虑蒸压加气混凝土挤压破坏设计。

16.2　抗　剪　设　计

由于蒸压加气混凝土配筋板钢筋的特殊布置，没有考虑抗剪钢筋，所使用的箍筋不封闭，在设计中，箍筋不能考虑作为抗剪钢筋承受剪力，如图 16-12、图 16-13 所示。

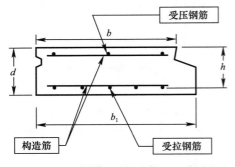

图 16-12　ALC 板断面（没有抗剪钢筋）

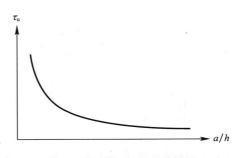

图 16-13　ALC 配筋板的极限剪力

对于 ALC 配筋板的抗剪设计，我们采用 RILEM 联合会所推荐的设计方法，根据极限剪切强度和全局安全系数来确定允许剪应力（图 16-14）。

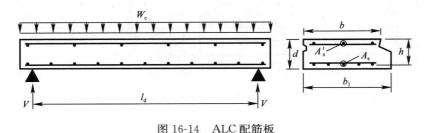

图 16-14　ALC 配筋板

极限剪应力可以用混凝土强度、高跨比 h/a，以及抗拉钢筋量函数来表示，其计算公式如下。

计算条件为：

$$2.3 \leqslant f_{cu} \leqslant 6.0 (\text{MPa})$$
$$0.12 \leqslant h/a \leqslant 6.0$$

并且，

$$0.12 \leqslant \mu \leqslant 0.8$$

那么，

$$\tau_u = 0.035 f_{cu} + 1.163 \mu h/a - 0.053 (f_{cu} \text{单位为 MPa}) \tag{16-24}$$

否则其极限剪应力的计算公式为：

$$\tau_u = 0.039 f_{cu} + 0.82 \mu h/a - 0.075 (f_{cu} \text{单位为 MPa}) \tag{16-25}$$

同时，

$$a = \frac{l_d}{4} \tag{16-26}$$

对于等效均匀分布荷载的集中荷载：

$$\tau_u = \frac{V_u}{bh} \Rightarrow V_u = \tau_u bh \tag{16-27}$$

$$\mu = \frac{100 A_s}{bh} \tag{16-28}$$

根据 ACI 523.2/R96 的规定，其剪应力不得超过 $0.03f'_c$，在 ALC 配筋构件的抗剪设计中，所采用的全局安全系数为 2.2，那么：

$$V_{\text{perm}} = \frac{V_u}{\gamma_{uc}} \leqslant 0.03f'_c bh \qquad (16\text{-}29)$$

如果这个条件不符合，那么：

$$V_u = 0.066f'_c bh \qquad (16\text{-}30)$$

允许的剪力"V_{perm}"，允许分配荷载为：

$$W_c = \frac{2V_{\text{perm}}}{l_d} \qquad (16\text{-}31)$$

其中，W_c 是单位长度板的允许荷载。

16.3 形 变 计 算

对于 ALC 配筋构件的耐用性要求，主要与构件在使用状态下的形变、构件的裂缝密切相关。

根据 ACI 523.2/R96（第 4.4 节）的建议，作为地面或屋面的 ALC 配筋构件，其挠度不得超过当地施工和设计规范中要求的最大挠度要求。ACI 318/95 中给出了限制最大挠度的要求，规定跨深之比在任何情况下都不得超过 30mm，板的深度不应少于 50mm。

图 16-15 为 ALC 配筋构件的挠度"状态图"，描述了 ALC 配筋构件在包括长期荷载作用下挠度（渐变）的情况。ALC 配筋构件的最大允许挠度，也包括在长期荷载作用下引起的蠕变。

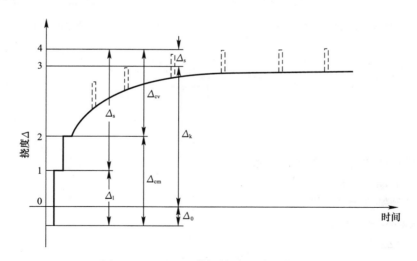

图 16-15　ALC 配筋构件的挠度"状态图"

据上所述，ALC 配筋板的挠度计算公式可以描述如下：

使用弹性定律计算 ALC 配筋板的挠度，将由于永久和半永久荷载而产生的渐变影响考虑在内，同时还要考虑由于高压蒸汽养护处理而产生的收缩。挠度应限制在 ACI 318/95 的表格 9.5（b）中所规定的范围内。

估算挠度通用的函数关系表示为力矩和曲率之间的简单双线性关系（图 16-16），挠度的计算公式可表示为：

$$\Delta = \frac{c l_\mathrm{d}^2}{r} = c l_\mathrm{d}^2 \frac{M}{EI} \qquad (16\text{-}32)$$

式中　l_d——跨长；

$\quad c$——载荷类型系数，对于分布载荷，其值 $c = 1/9.6$；

$\quad M$——弯矩；

$\quad E$——弹性模量；

$\quad I$——惯性力矩。

1. ALC 构件的长期有效特性

ALC 板挠度的断面尺寸表示如图 16-17 所示。

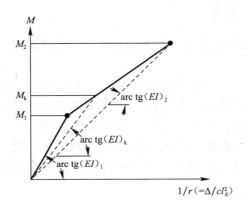

图 16-16　挠度计算的双线性关系图

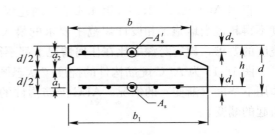

图 16-17　ALC 板挠度的断面尺寸表示

$$E_\mathrm{eff} = \frac{E_\mathrm{c}}{1 + \alpha_1 \phi} \qquad (16\text{-}33)$$

其中：

$$\alpha_1 = \frac{q_\mathrm{p}}{q_\mathrm{d}} \qquad (16\text{-}34)$$

E_eff——ALC 长期"有效"的弹性模量；

E_c——ALC 短期弹性模量；

ϕ——ALC 的蠕变因数；

q_p——永久和半永久载荷总和；

q_d——总设计载荷。

并且，

$$f_\mathrm{teff} = MOR(1 - 0.2\alpha_1) \qquad (16\text{-}35)$$

其中：

f_teff——ALC 的有效抗拉强度。

ALC 断裂模量（MOR 为弯曲抗拉强度）可以用下面的公式来估算：

$$MOR = 0.27 + 0.21 f_\mathrm{cu} (\mathrm{MPa})$$

然而，对于 GB3.3/0.6，则有：

$$MOR = 0.99\text{MPa} = 10.10\text{kg/cm}^2$$

对于 GB4.4/0.7，则有：

$$MOR = 1.30\text{MPa} = 13.26\text{kg/cm}^2$$

2. 未断裂状态下的截面属性

未断裂状态下的截面可以参见图 16-17。

刚度 $(EI)_1$

$$(EI)_1 = E_{\text{eff}} I_1 \tag{16-36}$$

式中　$(EI)_1$——截面刚度；

　　　E_{eff}——假定的有效弹性模量。

$$I_1 = b_1 d \left(\frac{d^2}{12} + e^2 \right) + n [A_s(a_1 - e)^2 + A_s'(a_2 + e)^2] \tag{16-37}$$

$$e = \frac{n(A_s a_1 - A_s' a_2)}{b_1 d + n(A_s + A_s')} \tag{16-38}$$

$$n = \frac{E_s}{E_{\text{eff}}}$$

开裂弯矩 (M_1)

$$M_1 = (f_{\text{teff}} + f_1) \left[\frac{I_1}{d/2 - e} \right] + (b_1 def_0) \tag{16-39}$$

其中：

$$f_0 = \varepsilon_0 E_{\text{eff}} \tag{16-40}$$

$$f_1 = f_0 \left[\frac{n(A_s + A_s')}{b_1 d + n(A_s + A_s')} \right] \tag{16-41}$$

M_1——截面的开裂弯矩，也就是达到最大拉伸应力 f_{teff} 时的弯矩。

ε_0——最终等效"预应变"，也就是在干收缩后，钢筋与 ALC 的长度差。

对于 ALC：

$$\varepsilon_0 = 0.00025$$

翘曲 (Δ_0)

$$\Delta_0 = b_1 del_{\text{d}}^2 \left(\frac{\varepsilon_0}{8I_1} \right) \tag{16-42}$$

Δ_0 是由预应力和干收缩而产生的形变（翘曲）。

3. 断裂状态下的截面特性

刚度 $(EI)_2$

$$(EI)_2 = E_{\text{eff}} I_2 \tag{16-43}$$

式中　$(EI)_2$——开裂状态下的弹性刚度；

　　　E_{eff}——弹性模量。

$$I_2 = \frac{b_1 x^3}{3} + n [A_s(h - x)^2 + A_s'(x - d_2)^2] \tag{16-44}$$

$$x = -u + \left[u^2 + \left(\frac{2n(A_s h + A_s' d_2)}{b_1} \right) \right]^{1/2} \tag{16-45}$$

$$u = \frac{n(A_s + A_s')}{b_1} \tag{16-46}$$

4. 设计载荷下的截面特性

刚度 $(EI)_k$

假设 $M_k \leqslant M_1$ $(EI)_k = (EI)_1$ \qquad\qquad (16-47)

假设 $M_k > M_1$ $(EI)_k = \dfrac{M_k}{x_k}$

其中：

$$x_k = x_1 + (x_2 - x_1)\frac{(M_k - M_1)}{(M_2 - M_1)} \tag{16-48}$$

$$x_1 = \frac{M_1}{(EI)_1} \tag{16-49}$$

$$x_2 = \frac{M_2}{(EI)_2} \tag{16-50}$$

$(EI)_k$——在设计载荷作用下，半断裂状态下的刚度；

M_k——总设计载荷下的弯矩；

M_2——断面的极限弯矩。

5. 挠度极限

根据 ACI 319/95 第 9.5.2.2 节表 9.5（b）的规定，挠度必须满足下列条件：

$$\Delta_{cv} \leqslant \begin{cases} \dfrac{l_d}{180} & \text{屋面板} \\[2mm] \dfrac{l_d}{360} & \text{楼板} \end{cases}$$

式中　Δ_{cv}——由于活载荷而产生的直接挠度。

$$\Delta_{cv} \overset{*}{=} \frac{cl_d^2 M_{cv}}{(EI)_0 \dfrac{(EI)_k}{(EI)_1}} \tag{16-51}$$

式中　M_{cv}——由于活载荷而产生的弯矩。

且对于屋面板和楼板：

$$\Delta_a = \begin{cases} \dfrac{l_d}{480} & \text{（次构件可能在发生大变形时破坏）} \\[2mm] \dfrac{l_d}{240} & \text{（次构件不可能因发生大变形而破坏）} \end{cases}$$

式中　Δ_a——"主动"挠度，即在非结构构件安装以后所发生的挠度，为所有持续载荷而引起的长期挠度和由于任何附加的活载荷而引起的直接挠度之和。

$$\Delta_a = \Delta_k + \Delta_i \tag{16-52}$$

式中　Δ_k——总设计载荷所产生的挠度。

　　　Δ_i——在相连接构件安装之前，由于载荷作用下所产生的瞬时挠度，假定断面处于非开裂状态，并且采用短期的弹性模量。

$$\Delta_k = cl_d^2 \frac{M_k}{(EI)_k} \tag{16-53}$$

$$\Delta_i = c l_d^2 \frac{M_i}{(EI)_0} \tag{16-54}$$

式中 M_i——相连接构件安装之前，在载荷作用下所产生的弯矩。

根据图 16-15，可以认为，Δ_0（翘曲）可以减少主动挠度，但该规则不可以应用在本书所涉及的设计方法中。

根据 ACI 318/95 第 9.5.2.6 节表 9.5（b）所述，如果采用了足够的措施来防止支撑或所附加构件的损坏，那么挠度限制"$l_d/480$"可以忽略不计。

16.4　锚固设计

从理论上来说，纵向钢筋的锚固作用是由 ALC 和钢筋之间的粘结作用和绑扎在纵向钢筋上的横向钢筋所引起的。图 16-18 说明了 ALC 和钢筋之间的粘结应力和钢筋应力关系。

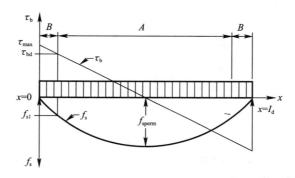

图 16-18　自由支撑构件在设计均布荷载作用下的粘结应力和钢筋应力关系

关于这类破坏状态的结构件设计主要是确定横向钢筋的根数以及沿板长度方向的分布。对于在均布荷载作用下的自由支撑构件来说，锚固力将由焊接在纵向钢筋上的横向钢筋来提供，在图 16-18 中，描述了 ALC 和钢筋之间的粘结应力和钢筋应力关系，b 表示沿纵向钢筋的粘结应力，可用弹性方法来计算；τ_{bd} 为设计粘结强度（$\tau_{bd} = \tau_k/\gamma_{ub}$）；$\tau_k$ 为指定的粘结强度；γ_{ub} 是关于锚固破坏的安全系数；f_s 为钢筋应力；f_{sl} 是 $\tau_b = \tau_{bd}$ 时，在关系曲线上对应点的钢筋应力。

最大粘结应力 τ_{max} 和设计粘结应力 τ_{bd} 的差值必须通过构造锚固来控制，调整横向钢筋就可以调整锚固应力。最大粘结应力 τ_{max} 计算公式为：

$$\tau_{max} = \frac{\sigma_{max} A_{sa}}{\pi d_a (l_d/4)} \tag{16-55}$$

其中，A_{sa} 和 d_a 分别表示纵向钢筋的断面面积和纵向钢筋的直径。

通常我们在设计中不考虑 ALC 和纵向钢筋之间的粘结作用，这一点和普通钢筋混凝土的设计不一样。因此，我们仅仅假设绑扎在纵向钢筋上的横向钢筋的锚固作用，这种设计是相当保守的设计方法，这样所有拉力（F_a）将由横向钢筋来承担，横向钢筋所承担的拉力为：

$$F_a = f_{s1} A_{sa}$$

$$\tau_k = 0 \Rightarrow \tau_{bd} = 0$$

$$f_{s1} = \sigma_{max} \left[1 - \left(\frac{\tau_{bd}}{\tau_{max}} \right)^2 \right] \tag{16-56}$$

因此：

$$f_{s1} = \sigma_{max}$$

允许应力将由纵向钢筋的强度来控制，必须确保纵向钢筋的拉应力不超过最大容许应力。在作用荷载下，我们通常假定纵向钢筋的拉力达到了最大容许张力，据此来确定纵向钢筋的拉应力。另一方面，也可以将σ_{max}定义为在设计荷载下纵向钢筋的应力。设计荷载可以定义为恒载和动荷载，且恒载的分项载荷系数为 1.3，动荷载的分项载荷系数 1.5。因此，设计荷载总是小于 1.5 倍的使用载荷。由此可知，在设计荷载的拉应力 σ_{max} 最大只能为 1.5 倍的可允许应力。因此可以得出：

$$f_{s1} = \sigma_{max} = 1.5 f_{sperm} \tag{16-57}$$

那么拉力的计算公式为：

$$F_a = f_{s1} A_{sa} \tag{16-58}$$

横向钢筋根数的计算将用到拉力 F_a：

$$\left(n_a = \frac{F_a}{P_a} \right) \geqslant \begin{cases} 2 \\ 3 \cdot \dfrac{f_{s1}}{f_d} \end{cases} \tag{16-59}$$

并且，

$$P_a = 0.28 f_{cu} \cdot e_c \cdot k \cdot s \tag{16-60}$$

这里 P_a 为单根横向钢筋所需承受的力；f_{cu} 是 ALC 在受压时的特征应力；e_c 是横向钢筋中心到表面的保护层厚度，详见图 16-19。

k 值为：

当 $s/d_c < 12$，$k = 1$；

当 $s/d_c = 20$，$k = 0.7$；

当 $s/d_c > 20$，$k = 14 \left(\dfrac{d_a}{s} \right)$；

其中，s 是纵向钢筋间距；f_d 是钢筋设计应力；d_c 是横向钢筋直径（mm），采用线性插补 $12 < s/d_c < 20$。

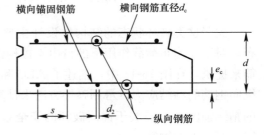

图 16-19 锚固计算断面尺寸

板中横向钢筋的位置可以按照下列方法来确定。

在设计构件中的任何一点 x_i 到两段之间都必须有足够的横向钢筋来承受破坏荷载，x_i 的计算公式为：

$$x_i \leqslant \frac{l_d}{2} \left[1 - \sqrt{1 - \frac{p_a(i-1)}{A_{sa} \cdot \sigma_{max}}} \right] \tag{16-61}$$

式中 x_i——第 i 根横向钢筋到支撑端的最大距离；

p_a——单根横向钢筋承受的力。

另外，必须满足 ACI 523.2/R-96 所规定的最小配筋要求（图 16-20），并且横向钢筋的面积不应少于纵向钢筋面积的 1/3。

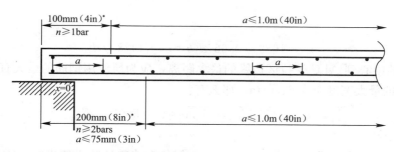

* 在板的两端要求相同，n为横向锚固钢筋数量

图 16-20　横向锚固钢筋的最低配筋要求

16.5　裂 缝 控 制

在 ALC 结构的正常使用极限状态，需要对挠度和裂缝作出限制，使之不影响结构的正常使用。裂缝控制可以保护 ALC 构件中钢筋不受侵蚀，当然也会保持结构美观。ACI 318/95（10.6.4）指明了所允许的最大裂缝宽度：内墙板 0.406mm；外墙板 0.330mm。

根据 ACI 318/95（10.6.4）中的规定，采用下列条件来控制构件的裂缝：

$$z = f_s \sqrt[3]{d_1 A} \leqslant \begin{cases} 内表面裂缝:27883 \text{kg/cm} \\ 外表面裂缝:23058 \text{kg/cm} \end{cases} \tag{16-62}$$

式中

$$f_{sperm} = 1689 \text{kg/cm}^2$$

d_1——ALC 保护层厚度，是极度拉伸区边缘到最靠近钢筋中心的距离，单位为 cm；
A——单根受拉钢筋周围 ALC 的有效抗拉面积，其质心与弹性受拉钢筋质心相同，单位为 cm²。可以先确定整个构件所有受拉钢筋周围的 ALC 有效抗拉面积，再除以弹性受拉钢筋的根数，即得到单根弹性受拉钢筋周围 ALC 的有效抗拉面积 A（图 16-21）。

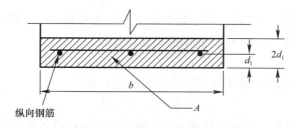

纵向钢筋

图 16-21　ALC 板的有效抗拉面积

此标准适用于普通混凝土单向板，也适用于 ALC 板。

ALC 配筋板中，通常仅配置一层钢筋，我们可以假设：

$$A = \frac{b \cdot 2d_1}{纵向钢筋数} \tag{16-63}$$

其临界状态是使用 3 根最少数量的纵向钢筋，因此：

$$A = \frac{b \cdot 2d_1}{3} = 0.667d_1 b$$

于是：

$$z = 1689\sqrt[3]{0.667d_1^2 b} \Rightarrow z = 1475\sqrt[3]{d_1^2 b}$$

从纵向钢筋的中心到 ALC 受拉区边缘的最大距离，应为所使用钢筋的最大直径 8mm。因此，ALC 板的最大宽度应为 61.0cm，那么有：

$$z = 1475\sqrt[3]{d_1^2 \times 61.0} \Rightarrow z = 5806\sqrt[3]{d_1^2}$$

d_1 的单位为 cm。

ALC 中钢筋的最小保护层厚度是 1.4cm，但如有特殊的防火要求时，需增加 ALC 中钢筋保护层厚度。在设计中为便于生产控制，对 ALC 配筋板的保护层可以规定：14mm、26.5mm、32mm、39mm、51mm、64mm。

表 16-1 列出了纵向钢筋的最小数量。

裂缝控制　　　　　　　　　　　　　　　　　　　　　　　　　　　表 16-1

ALC 保护层 r（cm）	d_1（cm）	$2d_1$（cm）	b（cm）	纵向钢筋数	A（cm²）	Z	
						kg/cm	Kips/in
1.40	1.80	3.60	61.0	3	73.20	8595	48.13
2.65	3.05	6.10	61.0	3	124.03	12215	68.40
3.20	3.60	7.20	61.0	3	146.40	13643	76.40
3.90	4.30	8.60	61.0	3	174.87	15359	86.00
5.10	5.50	11.00	61.0	3	223.67	18097	101.34
6.40	6.80	13.60	61.0	3	276.53	20847	116.74

表 16-1 中列出了所有情形，均满足 ACI 318-95 的裂缝要求。对于未包括在本表中的构件，裂缝控制计算与在本节中描述的情形相似。

16.6 安全系数比较

这里介绍的设计方法所使用的安全系数是关于剪力和弯矩的全局安全系数。以下将针对这些安全系数与 ACI 318/95 中所使用的描述作比较。

1. 弯曲设计

ACI 318/95 详细介绍了静载荷和动载荷的放大系数：

$$q_d = 1.4C_m + 1.7C_v \tag{16-64}$$

对于纯弯曲结构构件的强度折减系数为 0.9（ACI 318/95，第 9.3.2 节），故弯曲设计安全系数被定义为：

$$F.S_f = \frac{1.4C_m + 1.7C_v}{0.9} \tag{16-65}$$

并且，根据式（12-2），

$$q_s = C_m + C_v$$

式中　q_s——总的作用荷载，不带任何系数，因此，我们可以用表 16-2、表 16-3 详细说明。

弯曲设计安全系数　　　　　　　　　　　　　表 16-2

C_m	C_v	$F.S_f$
0.0	1.0	1.889
0.1	0.9	1.856
0.2	0.8	1.822
0.3	0.7	1.789
0.4	0.6	1.756
0.5	0.5	1.722
0.6	0.4	1.689
0.7	0.3	1.656
0.8	0.2	1.622
0.9	0.1	1.589
1.0	0.0	1.556

剪力设计安全系数　　　　　　　　　　　　　表 16-3

C_m	C_v	$F.S_c$
0.0	1.0	2.000
0.1	0.9	1.965
0.2	0.8	1.929
0.3	0.7	1.894
0.4	0.6	1.859
0.5	0.5	1.824
0.6	0.4	1.788
0.7	0.3	1.753
0.8	0.2	1.718
0.9	0.1	1.682
1.0	0.0	1.647

我们可以从理论上来分析表 16-2，最大安全系数为 $F.S_{max\,f}=1.889$。这里所使用的弯曲设计的全局安全系数 $\gamma_{uf}=2.0$，高于 ACI 318/95 的要求。因此，我们所推荐的设计方法符合 ACI 318 对于抗弯设计的安全要求。

2. 剪切设计

与弯曲设计类似，仅把 ACI 318/95（第 9.3.2 节）中强度折减系数修改为 0.85，可以得出：

$$F.S_c = \frac{1.4C_m + 1.7C_v}{0.85} \qquad (16\text{-}66)$$

根据式（12-2）可以得出：

$$q_s = 1.4C_m + 1.7C_v$$

同样我们可以从理论上来分析通过表 16-3，其最大安全系数为 $F.S_{max\,c}=2.0$。这里所使用的抗弯设计的全局安全系数 $\gamma_{uc}=2.2$，高于 ACI 318/95 的要求。因此，我们所推荐的设计方法符合 ACI 318 对于剪切设计的安全要求。

16.7 允许应力设计

1. 弯曲设计

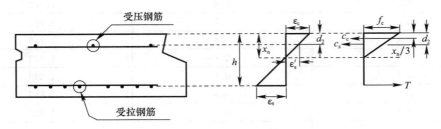

图 16-22　允许应力、应力应变图

允许应力、应力应变图如图 16-22 所示。板的最大允许弯矩受混凝土、抗拉钢筋或抗压钢筋的应力限制，假设在弹性状态下，关系式如下：

$$c_s = A'_s f'_s \tag{16-67}$$

$$c_c = \frac{x_n f_c}{2} \cdot b = 0.5 f_c x_n b \tag{16-68}$$

$$T = A_s f_s \tag{16-69}$$

根据力的等效原则，可以得出：

$$T = c_s + c_c$$

$$A_s f_s = A'_s f'_s + \frac{f_c x_n b}{2} \tag{16-70}$$

根据应变协调性原则，假设"$x_n > d_2$"，可以得出：

$$\frac{\varepsilon_c}{x_n} = \frac{\varepsilon_s}{h - x_n} = \frac{\varepsilon'_s}{x_n - d_2}$$

式中：

$$\varepsilon_c = \frac{f_c}{E_c}; \quad \varepsilon_s = \frac{f_s}{E_s}; \quad \varepsilon'_s = \frac{f'_s}{E_s}$$

并且，

$$\frac{E_s f_c}{E_c x_n} = \frac{f_s}{h - x_n} = \frac{f'_s}{x_n - d_2} \tag{16-71}$$

定义：

$$n = \frac{E_s}{E_c}$$

根据式（16-71）：

$$f_s = \frac{n(h - x_n)}{x_n} f_c \tag{16-72}$$

$$f'_s = \frac{n(x_n - d_2)}{x_n} f_c \tag{16-73}$$

$$f_c = \frac{f'_s x_n}{n(x_n - d_2)} = \frac{f_s x_n}{n(h - x_n)} \tag{16-74}$$

其弯矩的计算可以采用下面的计算公式：

$$M_{res} = T(h-x_n) + c_s(x_n - d_2) + c_c(2x_n/3) \qquad (16\text{-}75)$$

根据等效弯矩面积，可以导出中性轴的位置关系式：

$$\frac{bx_n^2}{2} + \frac{A_s' E_s}{E_c}(x_n - d_2) = \frac{A_s E_s}{E_c}(h - x_n)$$

乘以 $2/b$，可得：

$$x_n^2 + \frac{2A_s' E_s}{bE_c}(x_n - d_2) - \frac{2A_s E_s}{bE_c}(h - x_n) = 0$$

$$x_n^2 + x_n\left[\frac{2n}{b}(A_s' + A_s)\right] - \frac{2n}{b}(A_s' d_2 + A_s h) = 0 \qquad (16\text{-}76)$$

解式（16-76），得出中性轴位置的计算公式：

$$x_n = \frac{-B \pm \sqrt{B^2 - 4ac}}{2a} \qquad (16\text{-}77)$$

式中：

$$a = 1$$

$$B = \frac{2n}{b}(A_s' + A_s)$$

$$c = -\frac{2n}{b}(A_s' d_2 + A_s h)$$

如果从式（16-77）得出的"x_n"小于"d_2"，需满足条件"$x_n < d_2$"时，重新求解。计算结果可能会有下述 3 种情况：

（1）受压区混凝土的压应力达到允许应力，即 $f_c = 0.45 f_c'$。

（2）底部钢筋的拉应力达到允许值 $1689 kg/cm^2$。

（3）顶部钢筋的压应力达到允许值 $1689 kg/cm^2$。

逐个替换式（16-72）～式（16-74）中的极限应力值来计算其他两个应力，采用式（16-67）～式（16-69）可以计算出相应的力，采用式（16-75）可计算抗阻弯矩。计算得出的 3 个弯矩中较小的将为允许抗阻弯矩。然后比较抗阻弯矩与允许弯矩，值较小的弯矩将确定为最大允许弯矩。

2. 剪切设计

ACI 523.2/R-96 明确说明非配筋板的最大允许剪应力为 $0.03 f_c'$，我们在剪切设计中所使用的允许剪力为"V_{perm}"，

$$V_{perm} = \frac{V_u}{\gamma_{uc}} \qquad (16\text{-}78)$$

其中，$\gamma_{uc} = 2.2$，是全局安全系数。

$V_u = \tau_u bh$ 由式（16-27）可得出。

通过式（16-24）或式（16-25）计算出 τ_u，符合 ACI 523.2/R-96 提出的允许剪应力的要求。

V_{perm} 的计算方程式为：

$$V_{perm} = \frac{V_u}{\gamma_{uc}} \leqslant 0.03 f_c' bh \qquad (16\text{-}79)$$

17　板设计实例

本章将通过实例详细介绍使用 ALC 配筋板设计表来求得允许分布荷载。

17.1　概 要 说 明

图 17-1 为 ALC 板的纵向剖面和横断面，据此来分析板的允许分布荷载。

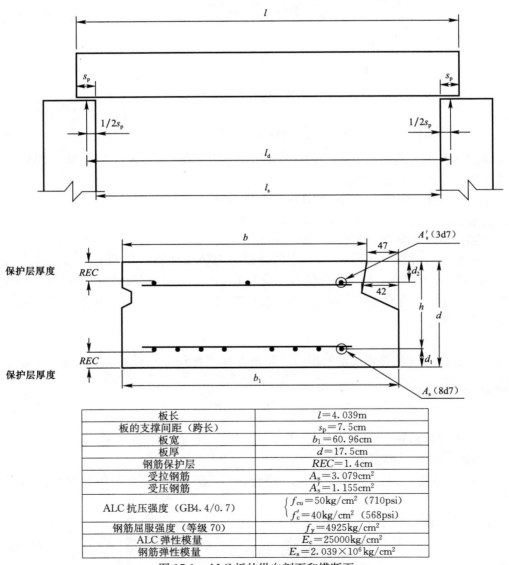

板长	$l=4.039\text{m}$
板的支撑间距（跨长）	$s_p=7.5\text{cm}$
板宽	$b_1=60.96\text{cm}$
板厚	$d=17.5\text{cm}$
钢筋保护层	$REC=1.4\text{cm}$
受拉钢筋	$A_s=3.079\text{cm}^2$
受压钢筋	$A_s'=1.155\text{cm}^2$
ALC 抗压强度（GB4.4/0.7）	$\begin{cases} f_{cu}=50\text{kg/cm}^2 \ (710\text{psi}) \\ f_c'=40\text{kg/cm}^2 \ (568\text{psi}) \end{cases}$
钢筋屈服强度（等级 70）	$f_y=4925\text{kg/cm}^2$
ALC 弹性模量	$E_c=25000\text{kg/cm}^2$
钢筋弹性模量	$E_s=2.039\times10^6\text{kg/cm}^2$

图 17-1　ALC 板的纵向剖面和横断面

如图 17-1 所示，根据 ALC 板的生产标准：

$$b = b_1 - \frac{4.7 + 4.2}{2};$$

式中 $\frac{4.7 + 4.2}{2}$ 为 ALC 板的标准尺寸（cm）。

$$b_1 - b = 61.0 - 4.45 \Rightarrow b = 56.55 \text{cm}$$

$$d_1 = REC + \frac{0.7 \text{cm}}{2} \Rightarrow d_1 = 1.4 \text{cm} + \frac{0.7 \text{cm}}{2} \Rightarrow d_1 = 1.75 \text{cm}$$

$$d_2 = REC + \frac{0.7 \text{cm}}{2} \Rightarrow d_2 = 1.75 \text{cm}$$

$$h = d - d_1 = 17.5 \text{cm} - 1.75 \text{cm} \Rightarrow h = 15.75 \text{cm}$$

根据图 17-1，可以得出：

$$l_s = l - 2s_p = 4.039 \text{m} - 2 \times 0.075 \Rightarrow l_s = 3.889 \text{m}$$

$$l_d = l_s + 2\left(\frac{1}{2} s_p\right) = 3.889 \text{m} + 2\left(\frac{1}{2} \times 0.075\right) \Rightarrow l_d = 3.964 \text{m} = 396.4 \text{cm}$$

$$(l_d = 396.4 \text{cm}) < (l_s + d = 406.4 \text{cm}) \Rightarrow \text{板长 ok}$$

17.2 弯曲设计

本节将采用与前面 17.1 节中同样的 ALC 板来说明第二类弯曲破坏。

根据式（16-9）和式（16-10），我们得出：

$$x_n = s \cdot h \quad \text{和} \quad s = \frac{k + c - c'}{1 + k},$$

根据式（16-11），可以得出：

$$k = \frac{\varepsilon_{cy}}{2\varepsilon_{su}}$$

式中 ε_{cy}——ALC 的最大弹性压缩应变，取 0.002

ε_{su}——钢筋的极限拉应变，取 0.005。

同时，$k = \frac{0.002}{2 \times 0.005} \Rightarrow k = 0.2$

根据式（16-12），

$$c = \frac{A_s f_y}{bh f_{cu}} = \frac{3.097 \text{cm}^2 \times 4925 \text{kg/cm}^2}{(56.55 \text{cm} \times 15.75 \text{cm} \times 50 \text{kg/cm}^2)}$$

$$c = 0.3405$$

根据式（16-13），

$$c' = 0.75c\left(\frac{A_s'}{A_s}\right) = 0.75 \times 0.3045 \times \frac{1.155 \text{cm}^2}{3.079 \text{cm}^2}$$

$$c' = 0.0958$$

代入式（16-10），我们得出：

$$s = \frac{0.2 + 0.3045 - 0.0958}{1 + 0.2}$$

$$s = 0.3706$$

如第 16.1.3 节中所述：

$$0.286 < s = 0.3706 < s_{max} = 0.375$$

因此，这证明板剖面属于第二类弯曲破坏。

中性轴的位置为：

$$x_n = sh = 0.3706 \times 14.75\text{cm}$$

$$x_n = 5.837\text{cm}$$

由式（16-14）可得出，极限抗弯矩计算公式为：

$$M_{uf} = f_{cu}bh^2\left[\alpha s(1-\beta s) + c'\left(1 - \frac{d_2}{h}\right)\right]$$

使用式（6-15）和式（6-16）分别计算 α 和 β，

$$\alpha = 1 - \frac{(1-s)k}{s} = 1 - \frac{(1-0.3706) \times 0.2}{0.3706} = 0.6603$$

$$(\alpha = 0.6603) < (\alpha_{max} = 0.667) \Rightarrow \text{ok!}$$

$$\beta = \frac{2k(1-s)[-1 + 2k(1-s)/(3s)] + s}{2s - 2k(1-s)}$$

$$= \frac{2 \times 0.2 \times (1-0.3706)\left[-1 + \dfrac{2 \times 0.2 \times (1-0.3706)}{3 \times 0.3706}\right] + 0.3706}{2 \times 0.3706 - 2 \times 0.2 \times (1-0.3706)}$$

$$\beta = 0.3593$$

$$(\beta = 0.3593) < (\beta_{max} = 0.361) \Rightarrow \text{ok!}$$

那么，

$$M_{uf} = 50\text{kg/cm}^2 \times 56.55\text{cm} \times (15.75\text{cm})^2 \times$$

$$\left[0.6603 \times 0.3706 \times (1 - 0.3593 \times 0.3706) + 0.0958 \times \left(1 - \frac{1.75\text{cm}}{15.75\text{cm}}\right)\right]$$

$$M_{uf} = 208.510\text{kg} \cdot \text{cm}$$

根据式（16-17），最大允许弯矩（弯曲破坏）的计算公式为：

$$M_{permf} = \frac{M_{uf}}{\gamma_{uf}}$$

$$M_{permf} = 104255\text{kg} \cdot \text{cm}$$

从计算结果中可知，s、α 和 β 值非常接近其最大限度，这表示我们在这个例子中使用了最大配筋，所以我们获得了弯曲破坏模式中板的最大承载力。

在本书第 16.7 节中，根据允许应力设计原理计算允许弯矩，根据式（16-76），其中性轴的位置计算公式为：

$$x_n^2 + \left[\frac{2n}{b}(A_s' + A_s)\right]x_n - \frac{2n}{b}(A_s'd_2 + A_sh) = 0$$

$$n = \frac{E_s}{E_c} = \frac{2.039 \times 10^6\text{kg/cm}^2}{25000\text{kg/cm}^2} \Rightarrow n = 81.56$$

使用式（16-77），可以求解 x_n：

$$a = 1$$

$$B = \frac{2n}{b}(A_s' + A_s) = \frac{2 \times 81.56}{56.55\text{cm}}(1.155\text{cm}^2 + 3.079\text{cm}^2) = 12.2131\text{cm}$$

$$c = -\frac{2n}{b}(A'_s d_2 + A_s h)$$

$$= -\frac{2 \times 81.56}{56.55\text{cm}}(1.155\text{cm}^2 \times 1.75\text{cm} + 3.079\text{cm}^2 \times 15.75\text{cm})$$

$$c = -145.7133\text{cm}^2$$

$$x_n = \frac{-12.2131\text{cm} \pm \sqrt{(12.2131\text{cm})^2 - 4 \times 1 \times (-145.7133\text{cm}^2)}}{2 \times 1}$$

$$x_{n1} = 7.4213\text{cm} \quad (\text{ok})$$

$$x_{n2} = -19.6344\text{cm}(\text{不合理})$$

中性轴的位置为,

$$x_n = 7.4213\text{cm}$$

根据本书第 16.7 节中所描述的三种情况分析如下:

a) ALC 的最大允许压应力

ALC 的最大允许压应力计算如下:

$$f_c = 0.45f'_c = 0.45 \times 40\text{kg/cm}^2 \Rightarrow f_c = 18\text{kg/cm}^2$$

使用式 (16-72):

$$f_s = \frac{n(0.45f'_c)(h - x_n)}{x_n}$$

$$= \frac{81.56 \times 18\text{kg/cm}^2 \times (15.75\text{cm} - 7.4213\text{cm})}{7.4213\text{cm}}$$

$$f_s = 1648\text{kg/cm}^2$$

使用式 (16-73):

$$f'_s = \frac{n(0.45f'_c)(x_n - d_2)}{x_n}$$

$$= \frac{81.56 \times 18\text{kg/cm}^2 \times (7.4213\text{cm} - 1.75\text{cm})}{7.4213\text{cm}}$$

$$f'_s = 1.122\text{kg/cm}^2$$

使用式 (16-67),

$$c_s = A'_s f'_s = 1.155\text{cm}^2 \times 1122\text{kg/cm}^2 \Rightarrow c_s = 1296\text{kg}$$

使用式 (16-68),

$$c_c = 0.5f_c \cdot x_n \cdot b = 0.5 \times 18\text{kg/cm}^2 \times 7.4213\text{cm} \times 56.55\text{cm} \Rightarrow c_c = 3777\text{kg}$$

使用式 (16-69),

$$T = A_s f_s = 3.079\text{cm}^2 \times 1648\text{kg/cm}^2 \Rightarrow T = 5074\text{kg}$$

使用式 (16-75),

$$M_{res} = T(h - x_n) + c_s(x_n - d_2) + c_c(2x_n/3)$$

$$M_{res} = 5074\text{kg} \times (15.75\text{cm} - 7.4213\text{cm}) + 1296\text{kg} \times (7.4213\text{cm} - 1.75\text{cm})$$

$$+ 3777\text{kg} \times (2/3) \times 7.4213\text{cm}$$

$$M_{res} = 68297\text{kg} \cdot \text{cm}$$

注意在这个例子中,钢筋的应力低于最大允许应力,表明这个状态是一种临界状态,使用了最大允许弯矩。但是为了分析研究,下面我们将分析其他两种破坏状态。

b）底部钢筋的最大允许拉应力

如本书第 13.6 节所述，

$$f_s = 1689\text{kg/cm}^2,$$

使用式（16-72）：

$$f_c = \frac{f_s x_n}{(h - x_n)n} = \frac{1689\text{kg/cm}^2 \times (7.4213\text{cm} - 1.75\text{cm})}{(15.75\text{cm} - 7.4213\text{cm}) \times 81.56}$$

$f_c = 18.452\text{kg/cm}^2$，超出允许极限。

使用式（16-73）：

$$f_s' = \frac{n(x_n - d_2)}{x_n} \cdot f_c = \frac{81.56 \times (7.4213\text{cm} - 1.75\text{cm})}{7.4213\text{cm}} \times 18.452\text{kg/cm}^2$$

$$\Rightarrow f_s' = 1150\text{kg/cm}^2$$

使用式（16-67）：

$$c_s = 1.155\text{cm}^2 \times 1150\text{kg/cm}^2 \Rightarrow c_s = 1328\text{kg}$$

使用式（16-68）：

$$c_c = 0.5 \times 18.45\text{kg/cm}^2 \times 7.4213\text{cm} \times 56.55\text{cm} \Rightarrow c_c = 3872\text{kg}$$

使用式（16-69）：

$$T = A_s f_s = 3.079\text{cm}^2 \times 1689\text{kg/cm}^2 \Rightarrow T = 5200\text{kg}$$

使用式（16-75）：

$$M_{res} = 5200\text{kg} \times (15.75\text{cm} - 7.4213\text{cm}) + 1296\text{kg} \times (7.4213\text{cm} - 1.75\text{cm})$$
$$+ 3777\text{kg} \times (2/3) \times 7.4213\text{cm}$$

$$M_{res} = 69346\text{kg} \cdot \text{cm}$$

c）顶部钢筋的最大允许压应力

如本书第 13.7 节所述，

$$f_s' = 1689\text{kg/cm}^2$$

使用式（16-74）：

$$f_c = \frac{f_s' x_n}{(x_n - d_2)n} = \frac{1689\text{kg/cm}^2 \times 7.4213\text{cm}}{(7.4213\text{cm} - 1.75\text{cm}) \times 81.56} \Rightarrow f_c = 27.10\text{kg/cm}^2,\text{超出允许极限。}$$

使用式（16-72）：

$$f_s = \frac{n(h - x_n)}{(x_n - d_2)} \cdot f_c = \frac{81.56 \times (15.75\text{cm} - 7.4213\text{cm})}{(7.4213\text{cm} - 1.75\text{cm})} \times 27.10\text{kg/cm}^2$$

$$\Rightarrow f_s = 3246\text{kg/cm}^2,\text{超出允许极限。}$$

使用式（16-67）：

$$c_s = 1.155\text{cm}^2 \times 1689\text{kg/cm}^2 \Rightarrow c_s = 1951\text{kg}$$

使用式（16-68）：

$$c_c = 0.5 \times 27.10\text{kg/cm}^2 \times 7.4213\text{cm} \times 56.55\text{cm} \Rightarrow c_c = 5678\text{kg}$$

使用式（16-69）：

$$T = A_s f_s = 3.079\text{cm}^2 \times 3246\text{kg/cm}^2 \Rightarrow T = 9994\text{kg}$$

使用式（16-75）：

$$M_{res} = 9994\text{kg} \times (15.75\text{cm} - 7.4213\text{cm}) + 1951\text{kg} \times (7.4213\text{cm} - 1.75\text{cm})$$

$$+5687\text{kg}\times(2/3)\times7.4213\text{cm}$$
$$M_{\text{res}}=122438\text{kg}\cdot\text{cm}$$

得出，最大允许弯矩（对应于允许应力）为：

$$M_{\text{res}}\leqslant\begin{cases}68297\text{kg}\cdot\text{cm（ALC 最大允许压应力）}\\69346\text{kg}\cdot\text{cm（受拉钢筋最大允许拉应力）}\\122438\text{kg}\cdot\text{cm（受压钢筋最大允许压应力）}\end{cases}$$

$$M_{\text{res}}=68297\text{kg}\cdot\text{cm 最大允许弯矩（对应于允许应力）}$$

最后我们得出，

$$M_{\text{permf}}\leqslant\begin{cases}122438\text{kg}\cdot\text{cm（极限强度设计）}\\68297\text{kg}\cdot\text{cm（允许应力设计）}\end{cases}$$

那么，

$$M_{\text{permf}}=68297\text{kg}\cdot\text{cm}$$

受均布荷载的板：

$$M_{\text{permf}}=\frac{Wl_{\text{d}}^2}{8}$$

W 是等板宽的最大分布荷载：

$$W_{\text{f}}=\frac{8M_{\text{permf}}}{l_{\text{d}}^2}=\frac{8\times68297\text{kg}\cdot\text{cm}}{(396.4\text{cm})^2}$$
$$W_{\text{f}}=3.477\text{kg/cm}$$

将板的单位长度线荷载转换成面分布荷载 q_{df}：

$$q_{\text{df}}=\frac{W_{\text{f}}}{b_1}=\frac{3.477\text{kg/cm}}{61.0\text{cm}}=0.057\text{kg/cm}^2$$
$$q_{\text{df}}=570\text{kg/m}^2$$

q_{df}是承受面均匀分布荷载弯曲破坏板的最大允许面设计荷载。这个数值应该和由剪切设计和弯曲设计所得的结果进行比较，以此得出合理的设计结果。

17.3 剪 切 设 计

可以用式（16-24）或式（16-25）计算没有抗剪钢筋的 ALC 板的极限剪应力，计算如下：

$$f_{\text{cu}}=50\text{kg/cm}^2=4.903\text{MPa}$$
$$\frac{h}{a}=\frac{15.75\text{cm}}{\left(\dfrac{396.4\text{cm}}{4}\right)}=0.1589$$

代入式（16-28）：

$$\mu=\frac{100A_{\text{s}}}{bh}=\frac{100\times3.079\text{cm}^2}{56.55\text{cm}\times15.75\text{cm}}=0.3457$$

下列关系可以写成：

$$2.3\text{MPa}\leqslant(f_{\text{cu}}=4.903\text{MPa})\leqslant6.0\text{MPa}$$
$$0.12\leqslant(h/a=0.1589)\leqslant0.6$$

$$0.12 \leqslant (\mu = 0.3457) \leqslant 0.8$$

那么，采用式（16-24）：

$$\tau_u = 0.035 f_{cu} + 1.163 \mu h/a - 0.053 (MPa)$$

$$\tau_u = 0.035 \times 4.903 MPa + 1.163 \times 0.3457 \times 0.1589 - 0.053 (MPa)$$

$$\tau_u = 0.1825 MPa$$

$$\tau_u = 1.861 kg/cm^2$$

对于非配筋 ALC 板，ALC 的剪应力不能超过 $0.03 f_c'$。

$$0.03 f_c' = 0.03 \times 40 kg/cm^2 = 1.2 kg/cm^2$$

$$\tau_{perm} \leqslant \begin{cases} \dfrac{\tau_u}{\gamma_{uc}} = \dfrac{1.861}{2.2} = 0.8460 kg/cm^2 & \text{（ok）} \\ 0.03 f_c' = 1.2 kg/cm^2 & \text{（不合理）} \end{cases}$$

式中　γ_{uc}——剪应力的全局安全系数。

那么，

$$V_{perm} = \tau_{perm} \cdot b \cdot h = 0.846 kg/cm^2 \times 56.55 cm \times 15.75 cm \Rightarrow V_{perm} = 754 kg$$

与第 17.2 节中计算 W 和 q_{dc} 的方法相似，使用式（16-31）：

$$W_c = \frac{2 V_{perm}}{l_d} = \frac{2 \times 754 kg}{3.964 m} \Rightarrow W_c = 380 kg/m$$

得出 q_{dc} 为：

$$q_{dc} = \frac{W_c}{b_1} = \frac{380 kg/m}{0.61 m}$$

$$q_{dc} = 623 kg/m^2$$

q_{dc} 为剪切破坏板的最大允许设计荷载。

17.4　变　　形

通常控制变形设计有两种方法，根据剪切破坏或弯曲破坏所得允许荷载，并检查允许极限计算变形；另一种是根据挠度极限来计算允许荷载。在下面的算例中，将采用上述第二种方法，并且考虑两种不同的变形：①由于全部活荷载引起的变形；②主动变形 Δ_a。

下面是关于设计和作用荷载的假设：

$$q_d = C_m + C_v + P_p$$

$$q_s = C_m + C_v$$

$$C_m = f_m \times q_s$$

$$C_v = f_{cv} \times q_s$$

$$f_{cm} + f_{cv} = 1$$

其中，f_{cm}——恒荷载 C_m 对 q_s 的比值。

　　　　f_{cv}——活荷载 C_v 对 q_s 的比值。

同时：

$$C_m = C_{m\text{-}ae} + C_{m\text{-}de}$$

$$C_{m\text{-}ae} = f_{cm\text{-}ae} \cdot C_m$$

$$C_{\text{m-de}} = f_{\text{m-de}} \cdot C_{\text{m}}$$
$$f_{\text{cm-ae}} + f_{\text{cm-de}} = 1$$

式中 $C_{\text{m-ae}}$——邻接构件加到计算结构前的恒荷载；

$f_{\text{cm-ae}}$——$C_{\text{m-ae}}$ 对 C_{m} 的比值。

以及相应的关系式为：

$$C_{\text{v}} = C_{\text{v-cd}} + C_{\text{vp}}$$
$$C_{\text{v-cd}} = f_{\text{cv-cd}} \cdot C_{\text{v}}$$
$$C_{\text{vp}} = f_{\text{cvp}} \cdot C_{\text{v}}$$
$$f_{\text{cv-cd}} + f_{\text{cvp}} = 1$$

式中 $C_{\text{v-cd}}$——被视为半永久荷载的短期活荷载；

$f_{\text{cv-cd}}$——$C_{\text{v-cd}}$ 对 C_{v} 的比值；

C_{vp}——被视为永久性荷载的活荷载；

f_{cvp}——C_{vp} 对 C_{v} 的比值。

下面将讨论如何确定最大设计荷载的方法，保证其挠度不超出挠度极限。

1. 一般属性

图 17-2 是 ALC 配筋板的断面图，图中标注了推导公式所用的相应尺寸，据此可以计算出相应的结果。

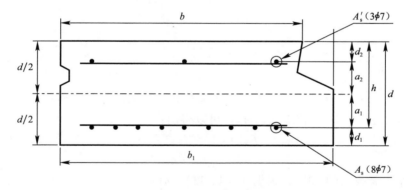

图 17-2 ALC 配筋板断面

$$a_1 = h - \frac{d}{2} = 15.75\text{cm} - \frac{17.5\text{cm}}{2}$$
$$= 7.0\text{cm}$$
$$a_2 = \frac{d}{2} - d_2 = \frac{17.5\text{cm}}{2} - 1.75\text{cm}$$
$$= 7.0\text{cm}$$

根据第 16.3.1 节规定，我们将 ALC 破裂模量定义如下：

$$MOR = 0.27 + 0.21 f_{\text{cu}}$$
$$= 0.27 + 0.21\left(50\text{kg/cm}^2 \times \frac{1\text{MPa}}{10.1971\text{kg/cm}^2}\right)$$
$$= 1.2997\text{MPa} = 13.2532\text{kg/cm}^2$$

根据 RILEM 所推荐的公式[22]，我们能确定 ALC 弹性模量如下：

$$E_c = (-520 + 4.7\rho) \pm 500\text{MPa} = (-520 + 4.7 \times 700\text{kg/m}^3) \pm 500\text{MPa}$$
$$= 2770 \pm 500\text{MPa}$$

式中，ρ 的单位是 kg/m^3。

$$2270\text{MPa} \times \frac{10.1971\text{kg/cm}^2}{1\text{MPa}} \leqslant E_c \leqslant 3270\text{MPa} \times \frac{10.1971\text{kg/cm}^2}{1\text{MPa}}$$

$$23147\text{kg/cm}^2 \leqslant E_c \leqslant 33345\text{kg/cm}^2$$

通常 E_c 的取值为 25000kg/cm^2，在上面所给出的限制范围之内，我们可以得出：

$$E_c = 25000\text{kg/cm}^2$$

假定板的长期自重为：

$$\gamma_d = 840\text{kg/m}^3 （设计重量）$$

那么：

$$P_p = p_d \cdot d = 840\text{kg/m}^3 \times 0.175\text{m} = 147\text{kg/m}^2$$

2. 有效断面特性

ALC 的有效材料性能由式（16-33）和式（16-35）定义如下：

$$E_{\text{eff}} = \frac{E_c}{1 + \alpha_1 \phi}$$

$$f_{\text{teff}} = MOR(1 - 0.2\alpha_1)$$

式中

$$\alpha_1 = \frac{q_p}{q_d}$$

$$\phi = 1.0$$

$$q_p = P_p + C_{vp} + C_m （永久荷载和半永久的荷载之和） \qquad (17\text{-}1)$$

使用式（12-8）、式（12-9）和式（12-4），可以得出：

$$C_{vp} = f_{cvp} \cdot C_v = f_{cvp}(f_{cv} \cdot q_s)$$

$$C_m = f_{cm} \cdot q_s$$

假设自重为作用荷载 q_s 的 20%，根据式（12-11），有：

$$q_d = q_s + P_p = 1.2q_s$$

代入式（17-1）：

$$q_p = 0.2q_s + f_{cvp} \cdot f_{cv} \cdot q_s + f_{cm} \cdot q_s$$

根据式（16-34）：

$$\alpha_1 = \frac{0.2q_s + f_{cvp} \cdot f_{cv} \cdot q_s + f_{cm} \cdot q_s}{1.2 \cdot q_s} = \frac{0.2 + f_{cvp} \cdot f_{cv} + f_{cm}}{1.2}$$

$$= 0.1667 + [0.8333 \times (f_{cvp} \cdot f_{cv} + f_{cm})]$$

如前所述，假设：

$$f_{cm} = 0.6$$

$$f_{cv} = 0.4$$

可以得出：

$$f_{\text{cm-ae}} = f_{\text{cm-de}} = 0.5$$

$$f_{cvp} = f_{cv\text{-}cd} = 0.5$$

由此得出：

$$\alpha_1 = 0.1667 + 0.8333(0.5 \times 0.4 + 0.6)$$
$$= 0.8333$$

如果需要更详尽的分析，可以考虑荷载系数的变化，对计算作进一步细化。

最后，让我们来计算 ALC 的有效弹性和抗拉强度：

$$E_{eff} = \frac{25000\text{kg/cm}^2}{1 + 0.8333 \times 1.0}$$
$$= 13637\text{kg/cm}^2$$
$$f_{teff} = 13.2532\text{kg/cm}^2 \times (1 - 0.2 \times 0.8333)$$
$$= 11.0443\text{kg/cm}^2$$

式中　n——ALC 和钢筋的弹性模量之比值。

$$n = \frac{E_s}{E_{eff}} = \frac{2.039 \times 10^6\text{kg/cm}^2}{13637\text{kg/cm}^2}$$
$$= 149.52$$

　　3. 非断裂状态下的截面特性

根据式（16-36），我们可以得出：

$$(EI)_1 = E_{eff}I_1$$

可根据式（16-37）和式（16-38）来计算 I_1 和 e：

$$e = \frac{n(A_s a_1 - A_s' a_2)}{b_1 d + n(A_s + A_s')} = \frac{149.52(3.079\text{cm}^2 \times 7\text{cm} - 1.155\text{cm}^2 \times 7\text{cm})}{61\text{cm} \times 17.5\text{cm} + 149.52 \times (3.079\text{cm}^2 + 1.155\text{cm}^2)}$$
$$= 1.1842\text{cm}$$

$$I_1 = b_1 d\left(\frac{d^2}{12} + e^2\right) + n[A_s(a_1 - e)^2 + A_s'(a_2 + e)^2]$$

$$= 61.0\text{cm} \times 17.5 \times \left(\frac{17.5\text{cm}^2}{12} + 1.1842^2\right)$$
$$+ 149.52[3.079\text{cm}^2(7\text{cm} - 1.1842\text{cm})^2 + 1.155\text{cm}^2(7\text{cm} + 1.1842\text{cm})^2]$$
$$= 55879\text{cm}^4$$

并且，

$$EI_1 = 13637\text{kg/cm}^2 \times 55879\text{cm}^4$$
$$= 7.6202 \times 10^8\text{kg} \cdot \text{cm}^2$$

根据式（16-39）～式（16-41）可以计算"开裂"弯矩，所以：

$$f_0 = \varepsilon_0 E_{eff} = 0.00025 \times 13637\text{kg/cm}^2$$

式中：

$$\varepsilon = 0.00025$$
$$f_0 = 3.4093\text{kg/cm}^2$$
$$f_1 = f_0\left[\frac{n(A_s + A_s')}{b_1 d + n(A_s + A_s')}\right]$$
$$= 3.4093\text{kg/cm}^2 \times \frac{149.52(3.079\text{cm}^2 + 1.155\text{cm}^2)}{61\text{cm} \times 17.5\text{cm} + 149.52(3.079\text{cm}^2 + 1.155\text{cm}^2)}$$

$$= 1.2691 \text{kg/cm}^2$$

$$M_1 = (f_{\text{teff}} + f_1) \left[\frac{l_1}{d/2 - e} \right] + (b_1 def_0)$$

$$M_1 = (11.0443 \text{kg/cm}^2 + 1.2691 \text{kg/cm}^2) \times \left[\frac{55879 \text{cm}^4}{\dfrac{17.5 \text{cm}}{2} - 1.1842 \text{cm}} \right]$$

$$+ 61 \text{cm} \times 17.5 \text{cm} \times 1.1842 \text{cm} \times 3.4093 \text{kg/cm}^2$$

$$= 95253 \text{kg} \cdot \text{cm}$$

最后，用式（16-42）来计算挠度：

$$\Delta_0 = b_1 del_\text{d}^2 \left(\frac{\varepsilon_0}{8I_1} \right)$$

e 将使用 ALC 短期弹性模量计算获得，使用式（16-38）和式（16-37）可得：

$$n = \frac{E_\text{s}}{E_\text{c}} = \frac{2.039 \times 10^6 \text{kg/cm}^2}{25000 \text{kg/cm}^2}$$

$$= 81.56$$

$$e = \frac{81.56 \times (3.079 \text{cm}^2 \times 7 \text{cm} - 1.155 \text{cm}^2 \times 7 \text{cm})}{61 \text{cm} \times 17.5 \text{cm} + 81.56 \times (3.079 \text{cm}^2 + 1.155 \text{cm}^2)}$$

$$= 0.7799 \text{cm}$$

$$I_0 = 61.0 \text{cm} \times 17.5 \text{cm} \times \left[\frac{(17.5 \text{cm})^2}{12} + (0.7999 \text{cm})^2 \right]$$

$$+ 81.56 \left[3.079 \text{cm}^2 \times (7 \text{cm} - 0.7999 \text{cm})^2 \right.$$

$$+ 1.155 \text{cm}^2 \times (7 \text{cm} + 0.7999 \text{cm})^2 \big]$$

$$= 43310 \text{cm}^4$$

那么，

$$\Delta_0 = b_1 del_\text{d}^2 \left(\frac{\varepsilon_0}{8I_1} \right)$$

$$= 61 \text{cm} \times 17.5 \text{cm} \times 0.7799 \text{cm} \times (396.4 \text{cm})^2 \left[\frac{0.00025}{8 \times 55879 \text{cm}^4} \right]$$

$$= 0.0731 \text{cm}$$

且根据式（16-36），

$$E_\text{c} I_0 = 25000 \text{kg/cm}^2 \times 43310 \text{cm}^4$$

$$= 1.0828 \times 10^9 \text{kg} \cdot \text{cm}^2$$

4. 开裂状态下的截面特性

根据式（16-43）：

$$(EI)_2 = E_\text{eff} I_2$$

式（16-44）～式（16-46）给出了 I_2、x 和 u 的表达式，替换这些等式后有：

$$u = \frac{n(A_\text{s} + A'_\text{s})}{b_1} = \frac{149.52 \times (3.079 \text{cm}^2 + 1.155 \text{cm}^2)}{61 \text{cm}}$$

$$= 10.3782 \text{cm}$$

$$x = -u + \left[u^2 + \left(\frac{2n(A_\text{s} h + A'_\text{s} d_2)}{b_1} \right) \right]^{1/2}$$

$$= -10.3782$$

$$+ \left[(10.3782)^2 + \frac{2 \times 149.52 \times 3.079\text{cm}^2 \times 15.75\text{cm} + 1.155\text{cm}^2 \times 1.75\text{cm}}{61\text{cm}} \right]^{1/2}$$

$$= 8.4725\text{cm}$$

$$I_2 = \frac{b_1 x^3}{3} + n\left[A_s(h-x)^2 + A'_s(x-d_2)^2 \right]$$

$$= \frac{61\text{cm} \times (8.4725\text{cm})^3}{3}$$

$$+ 149.52\text{cm}^2 \left[3.079\text{cm}^2 \times (15.75\text{cm} - 8.4725\text{cm})^2 + 1.15\text{cm}^2 \right.$$

$$\left. \times (8.4725\text{cm} - 1.75\text{cm})^2 \right] = 44553\text{cm}^4$$

那么,

$$EI_2 = 13637\text{kg/cm}^2 \times 44553\text{cm}^4$$
$$= 6.0757 \times 10^8 \text{kg} \cdot \text{cm}^2$$

最后,根据本书第 17.2 节,极限 M_2 为:

$$M_2 = M_{uf} = M_{permf} \cdot \gamma_{uf}$$
$$= 98389\text{kg} \cdot \text{cm} \times 2.0$$
$$= 196778\text{kg} \cdot \text{cm}$$

如果下面计算的挠度是破坏的主要因素,那么可以用挠度计算相关的弯矩来替代。

5. 设计载荷下的断面特性

由于我们需要确定 ALC 板的最大使用载荷,那么我们可以假设由弯曲破坏产生的弯矩为设计使用载荷下产生的弯矩,因此:

$$M_k = M_{permf} = 68297\text{kg} \cdot \text{cm}$$

那么,

$$M_k = 68297\text{kg} \cdot \text{cm} < M_1 = 95\text{kg} \cdot \text{cm}$$

因此:

$$(EI)_k = (EI)_1 = 7.6206 \times 10^8 \text{kg} \cdot \text{cm}^2$$

6. 活荷载产生的挠度 Δ_{cv}

ACI 318/95 中明确说明由于总活载荷产生的挠度应少于:

$$\Delta_{cv} \leqslant \begin{cases} \dfrac{l_d}{180} & \text{对于楼板} \\ \dfrac{l_d}{360} & \text{对于屋面板} \end{cases}$$

下面是得出 ALC 板最大允许设计载荷的计算公式,可使用式(16-32)。

$$\Delta = c l_d^2 \frac{M}{EI}$$

然后根据式(16-51)的定义,

$$\Delta_{cv} = \frac{c l_d^2 M_{cv}}{EI_0 \dfrac{EI_k}{EI_1}} = \frac{c l_d^2 M_{cv} EI_1}{EI_0 \cdot EI_k}$$

并解方程得 M_{cv}:

$$M_{cv} = \frac{\Delta_{cv}(EI_0)(EI_k)}{cl_d^2(EI_1)}$$

对于均匀分布荷载，$c = 1/9.6$，那么：

$$M_{cv} = \frac{9.6\Delta_{cv}(EI_0)(EI_k)}{l_d^2 EI_1}$$

M_{cv} 可以定义为：

$$M_{cv} = \frac{W_{cv} l_d^2}{8}$$

当 W_{cv} 为沿板分布的设计线性活载荷时，那么：

$$W_{cv} = C_v b_1$$

且根据式（12-8）：

$$C_v = q_s f_{cv}$$

代入 W_{cv}：

$$W_{cv} = q_s \cdot f_{cv} \cdot b_1$$

代入 M_{cv}：

$$M_{cv} = \frac{[q_s \cdot f_{cv} \cdot b_1]l_d^2}{8}$$

q_s 的计算公式为：

$$q_s = \frac{8M_{cv}}{f_{cv} \cdot b_1 \cdot l_d^2} \tag{17-2}$$

最后，根据式（12-1）、式（12-2）可知：

$$q_d = q_s + P_p$$

对于这个特定的情况，我们可以得出：

$$\Delta_{cv} \leqslant \frac{l_d}{180}$$

$$= \frac{l_d}{180} = \frac{396.4\text{cm}}{180}$$

$$= 2.2022\text{cm}$$

$$M_{cv} = \frac{9.6 \times 2.2022\text{cm} \times 1.0828 \times 10^9 \text{kg} \cdot \text{cm}^2 \times 7.6202 \times 10^8 \text{kg} \cdot \text{cm}^2}{(396.4\text{cm})^2 \times 7.6202 \times 10^8 \text{kg} \cdot \text{cm}^2}$$

$$= 145683\text{kg} \cdot \text{cm}$$

求解式（17-2），q_s 为：

$$q_s = \frac{8 \times 145683\text{kg} \cdot \text{cm}}{0.4 \times 61\text{cm} \times (396.4\text{cm})^2} \times \frac{10000\text{cm}^2}{1\text{m}^2}$$

$$= 3040\text{kg/m}^2$$

根据式（12-1）：

$$q_d = q_s + P_p = 3040\text{kg/m}^2 + 840\text{kg/m}^3 \times 0.175\text{m}$$

$$= 3187\text{kg/m}^2$$

$$\Delta_{cv} \leqslant \frac{l_d}{360}$$

$$\Delta_{cv} = \frac{l_d}{360} = \frac{396.4cm}{360} = 1.1011cm$$

$$M_{cv} = \frac{9.6 \times 1.1011cm \times 1.0828 \times 10^9 kg \cdot cm^2 \times 7.6202 \times 10^8 kg \cdot cm^2}{(396.4cm)^2 \times 7.6202 \times 10^8 kg \cdot cm^2}$$

$$= 72kg \cdot cm$$

求解式（17-2），q_s为：

$$q_s = \frac{8(72842kg \cdot cm)}{0.4 \times 61cm \times (396.4cm)^2} \times \frac{10000cm^2}{1m^2}$$

$$= 1520kg/m^2 \quad (311psf)$$

根据式（12-1）：

$$q_d = q_s + P_p = 1520kg/m^2 + 840kg/m^3 \times 0.175m$$

$$= 1667kg/m^2$$

7. 主动挠度 Δ_a

与 Δ_{cv} 类似，ACI 318/95 中规定了由于非结构（次结构）构件所引起的挠度形变极限。这些极限为：

$$\Delta_a \leqslant \begin{cases} \dfrac{l_d}{480} \\[2mm] \dfrac{l_d}{240} \end{cases}$$

如果采取了特殊方法来防止 ALC 板的支撑构件或相邻构件的损坏，那么可以不考虑 $l_d/480$ 的限制要求。

通过使用本书第 16.3 节中给出的方程来计算板的最大允许设计载荷，根据式（16-52）有：

$$\Delta_a = \Delta_k + \Delta_i$$

由式（16-53）和式（16-54），得出：

$$\Delta_k = cl_d^2 \frac{M_k}{(EI)_k}$$

$$\Delta_i = cl_d^2 \frac{M_i}{(EI)_0}$$

当 M_i 为相邻构件在安装前，其作用载荷所引起的弯矩时，Δ_a 的计算为：

$$\Delta_a = cl_d^2 \frac{M_k}{(EI)_k} - cl_d^2 \frac{M_i}{(EI)_0} = cl_d^2 \left[\frac{M_k}{(EI)_k} - \frac{M_i}{(EI)_0} \right] \tag{17-3}$$

同时：

$$M_k = \frac{W_k l^2}{8}; \quad W_k = q_d \cdot b_1$$

$$\Rightarrow M_k = \frac{q_d \cdot b_1 \cdot l_d^2}{8} \tag{17-4}$$

并且，

$$M_i = \frac{W_i \cdot l_d^2}{8}$$

$$W_i = (P_p + C_{m-ae})b_1$$

W_i 为相邻构件在安装前的载荷。

使用式（12-4）和式（12-5），有：

$$C_{\text{m-ae}} = f_{\text{cm-ae}} \cdot C_{\text{m}}$$

$$= f_{\text{cm-ae}} \cdot f_{\text{cm}} \cdot q_{\text{s}}$$

$$= f_{\text{cm-ae}} \cdot f_{\text{cm}}(q_{\text{d}} - P_{\text{p}})$$

$$W_{\text{i}} = \{P_{\text{p}} + [f_{\text{cm-ae}} \cdot f_{\text{cm}}(q_{\text{d}} - P_{\text{p}})]\} b_1$$

$$= [P_{\text{p}} + (f_{\text{cm-ae}} \cdot f_{\text{cm}} \cdot q_{\text{d}} - f_{\text{cm-ae}} \cdot f_{\text{cm}} \cdot P_{\text{p}})] b_1$$

$$= [P_{\text{p}}(1 - f_{\text{cm-ae}} \cdot f_{\text{cm}}) + (f_{\text{cm-ae}} \cdot f_{\text{cm}} \cdot q_{\text{d}})] b_1$$

然后，代入式（17-3）：

$$M_{\text{i}} = \frac{[P_{\text{p}}(1 - f_{\text{cm-ae}} \cdot f_{\text{cm}}) + (f_{\text{cm-ae}} \cdot f_{\text{cm}} \cdot q_{\text{d}})] b_1 \cdot l_{\text{d}}^2}{8}$$

求解可得：

$$\frac{\Delta_{\text{a}}}{c l_{\text{d}}^2} = \left[\frac{q_{\text{d}} \cdot b_1 \cdot l_{\text{d}}^2}{8EI_{\text{k}}}\right] - \left[\frac{[P_{\text{p}}(1 - f_{\text{cm-ae}} \cdot f_{\text{cm}}) + (f_{\text{cm-ae}} \cdot f_{\text{cm}} \cdot q_{\text{d}})] b_1 \cdot l_{\text{d}}^2}{8EI_0}\right]$$

$$= \left[\frac{q_{\text{d}} \cdot b_1 \cdot l_{\text{d}}^2}{8EI_{\text{k}}}\right] - \left[\frac{P_{\text{p}}(1 - f_{\text{cm-ae}} \cdot f_{\text{cm}}) b_1 \cdot l_{\text{d}}^2}{8EI_0}\right] - \left[\frac{(f_{\text{cm-ae}} \cdot f_{\text{cm}} \cdot q_{\text{d}}) b_1 \cdot l_{\text{d}}^2}{8EI_0}\right]$$

$$= \frac{q_{\text{d}} \cdot b_1 \cdot l_{\text{d}}^2}{8}\left[\frac{1}{EI_{\text{k}}} - \frac{f_{\text{cm-ae}} \cdot f_{\text{cm}}}{EI_0}\right] - \left[\frac{p_{\text{p}}(1 - f_{\text{cm-ae}} \cdot f_{\text{cm}}) b_1 \cdot l_{\text{d}}^2}{8EI_0}\right]$$

$$q_{\text{d}} = \frac{\dfrac{\Delta a}{c l_{\text{d}}^2} + \dfrac{p_{\text{p}}(1 - f_{\text{cm-ae}} \cdot f_{\text{cm}}) b_1 \cdot l_{\text{d}}^2}{8EI_0}}{b_1 \cdot l_{\text{d}}^2\left[\dfrac{1}{EI_{\text{k}}} - \dfrac{f_{\text{cm-ae}} \cdot f_{\text{cm}}}{EI_0}\right]} \times 8 \tag{17-5}$$

把 $\Delta_{\text{a}} = l_{\text{d}}/240$ 代入式（17-5）：

$$q_{\text{d}} = \frac{\dfrac{396.4\text{cm}/240}{(1/9.6)(396.4\text{cm})^2} + \dfrac{840\text{kg/m}^3 \times 0.175\text{m} \times \dfrac{1\text{m}^2}{(100\text{cm})^2} \times (1 - 0.5 \times 0.6) \times 61\text{cm} \times (396.4\text{cm})^2}{8(1.0828 \times 10^9 \text{kg} \cdot \text{cm}^2)}}{61\text{cm} \times (396.4\text{cm})^2\left(\dfrac{1}{7.6202 \times 10^8 \text{kg} \cdot \text{cm}^2} - \dfrac{0.5 \times 0.6}{1.0828 \times 10^9 \text{kg} \cdot \text{cm}^2}\right)}$$

$$= 0.090533\text{kg/cm}^2 \times \frac{(100\text{cm})^2}{1\text{m}^2}$$

$$= 905\text{kg/m}^2$$

17.5　锚固设计

按照前面所述的基本假定，当计算 ALC 配筋板横向钢筋的数量时，为了便于计算其设计拉力，我们忽略 ALC 和纵向钢筋之间的粘结力。

在横向钢筋的计算中，可以认为横向钢筋为构造锚固，其锚固力足以抵抗纵向钢筋中的最大允许拉力，并有一定的安全储备（图 17-3）。

根据图 17-3 的尺寸，我们可以得出：纵钢筋的直径为 7mm；横钢筋的直径为 5mm；因此，我们可以计算得出：

$$横向钢筋的面积 = \frac{(0.5\text{cm})^2 \times 3.1416}{4} = 0.19635\text{cm}^2$$

$$\text{纵向钢筋的面积} = \frac{(0.7\text{cm})^2 \times 3.1416}{4} = 0.38485\text{cm}^2 (A_{sa})$$

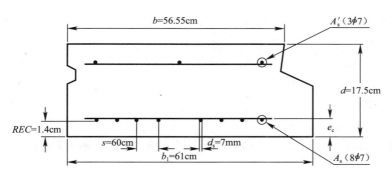

图 17-3 ALC 配筋板断面图

那么：

$$0.19635\text{cm}^2 > \left(\frac{1}{3}A_{sa} = 0.1228\text{cm}^2\right) \Rightarrow \text{ok!}$$

根据第 3.5 节中的计算结果：

$$f_{\text{sperm}} = 1689\text{kg/cm}^2$$

并使用式（16-57），有：

$$f_{sl} = 1.5f_{\text{sperm}} = 1.5 \times 1689\text{kg/cm}^2 \Rightarrow f_{sl} = 2534\text{kg/cm}^2$$

根据式（16-58），纵向钢筋的拉力为：

$$F_a = f_{sl}A_{sa} = 2534\text{kg/cm}^2 \times 0.38485\text{cm}^2 \Rightarrow F_a = 975\text{kg}$$

通过式（16-59），可以得出所需的钢筋数量：

$$\left(n_a = \frac{F_a}{P_a}\right) \geq \begin{cases} 2 \\ 3\dfrac{f_{sl}}{f_d} = 3\left(\dfrac{2534\text{kg/cm}^2}{4925\text{kg/cm}^2}\right) = 1.5436 \end{cases}$$

使用式（16-60）：

$$P_a = 0.28f_{cu} \cdot e_c \cdot k \cdot s$$

式中：

$$e_c = REC + d_a + \frac{1}{2}d_c = 1.4\text{cm} + 0.7\text{cm} + \left(\frac{0.5}{2}\right) \Rightarrow e_c = 2.35\text{cm}$$

k 的值取决于 s/d_c 的关系：

$$\frac{s}{d_c} = \frac{6.0\text{cm}}{0.5\text{cm}} \Rightarrow \frac{s}{d_c} = 12, \quad \text{所以 } k = 1$$

那么，

$$P_a = 0.28 \times 50\text{kg/cm}^2 \times 2.35\text{cm} \times 1 \times 6.0\text{cm} \Rightarrow P_a = 197.4\text{kg}$$

$$\Rightarrow n_a = \frac{F_a}{P_a} = \frac{975\text{kg}}{197.4\text{kg}} \Rightarrow n_a = 4.94 \approx 5\text{bars}$$

$$(n_a = 5\text{bars}) > \begin{cases} 2 \\ 1.54 \end{cases} \quad \text{ok(每板跨 } l_d/2)$$

要确定横向钢筋的位置，可采用式（16-61）计算：

$$x_i \leqslant \frac{l_d}{2}\left[1-\sqrt{1-\frac{P_a(i-1)}{A_{sa} \cdot \sigma_{\max}}}\right]=\frac{396.4\mathrm{cm}}{2}\left[1-\sqrt{1-\frac{(197.4\mathrm{kg})(i-1)}{(0.38485\mathrm{cm}^2) \cdot (2534\mathrm{kg/cm}^2)}}\right]$$

$$x_i \leqslant 198.2\mathrm{cm}[1-\sqrt{1-0.20242(i-1)}]$$

$$i=1 \Rightarrow x_i = 0$$

$$i=2 \Rightarrow x_i = 21.19\mathrm{cm}$$

$$i=3 \Rightarrow x_i = 45.30\mathrm{cm}$$

$$i=4 \Rightarrow x_i = 73.99\mathrm{cm}$$

$$i=5 \Rightarrow x_i = 111.74\mathrm{cm}$$

此外，必须符合 ACI 523.2/R-96（第 4.9 节）中的要求。该板的横钢筋最终分布图如图 17-4 所示。

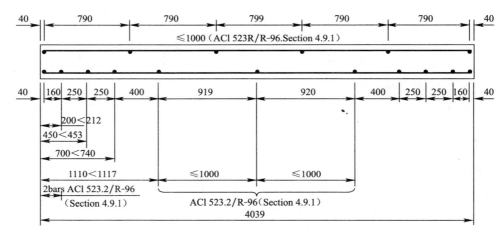

图 17-4　横向钢筋分布图

17.6　裂　缝　控　制

根据本书第 16.5 节中的定义和式（16-62）、式（16-63），有：

$$z = f_s \sqrt[3]{d_1 A}$$

$$A = \frac{b \cdot 2d_1}{\text{纵向钢筋数}} = \frac{61.0\mathrm{cm} \times 2 \times 1.75\mathrm{cm}}{7\mathrm{bars}} \Rightarrow A = 30.5\mathrm{cm}^2 \text{（每根钢筋）}$$

$$f_s = 1689\mathrm{kg/cm}^2$$

然后，

$$z = \left(\frac{1689\mathrm{kg}}{\mathrm{cm}^2}\right)\sqrt[3]{1.75\mathrm{cm} \times 30.5\mathrm{cm}^2} \Rightarrow z = 6359\mathrm{kg/cm}$$

$$= 6359\mathrm{kg/cm}(36\mathrm{kips/in}) < \begin{cases} 27883\mathrm{kg/cm} \\ 23058\mathrm{kg/cm} \end{cases}$$

因此，该板的设计结果可以同时满足墙内表面和外表面的裂缝控制要求，裂缝宽度分别小于 0.013cm 和 0.016cm。

17.7　结　论

在上述板的设计计算过程中，得出几个最大允许设计荷载，详见表 17-1。

最大允许设计荷载 　　　　　　　　　　　　　表 17-1

	抗弯设计	抗剪设计	挠度值		
			$\Delta_{cv} \leqslant I/180$	$\Delta_{cv} \leqslant I/360$	$\Delta_{cv} \leqslant I/240$
q_d	570kg/m^2	623kg/m^2	3187kg/m^2	1667kg/m^2	905kg/m^2
	117psf	127psf	631psf	330psf	185psf

从表 17-1 中，可以分析得出这样的结论，ALC 板的弯曲设计是控制设计，因此：

$$q_d = q_s + P_p$$
$$q_s = q_d - P_p = 570 \text{kg/m}^2 - (840 \text{kg/m}^2 \times 0.175 \text{m})$$
$$= 423 \text{kg/m}^2$$

所设计板的最大允许使用荷载是 423kg/m^2。

18 注　释

A：为弯曲拉伸钢筋周围混凝土的有效拉伸面积除以弯曲拉伸钢筋的数量，并与弯曲拉伸拉钢筋具有同样的质心。

A_s：纵向拉伸钢筋的面积。

A'_s：纵向压缩钢筋的面积。

A_{sa}：单根纵向钢筋的面积。

b：有效板宽，板的有效宽度相当于整板宽 b_1 减去裂缝长度。

b_1：整板宽度。

C_m：超恒荷载，不包括 ALC 板的自重。

C_{m-ae}：预先加载或在非结构构件安装时作用在结构上的永久（持续的）恒荷载。

C_{m-de}：在非结构构件安装后作用在结构上的永久（持续的）恒荷载。

C_v：总活荷载。取决于结构使用、当地建筑物及设计规范。

C_{vp}：永久活荷载。

C_{v-cd}：短期（半永久）活荷载。

C_c：作用在配筋 ALC 断面上的合成混凝土力。

C_s：作用在配筋 ALC 断面上的合成钢筋压力。

d：板厚。

d_1：拉伸钢筋的 ALC 保护层（从钢筋中心开始计算）。

d_2：压缩钢筋的 ALC 保护层（从钢筋中心开始计算）。

d_a：纵向钢筋直径。

d_c：横向钢筋直径。

e_c：横向钢筋的 ALC 保护层，从钢筋中心到 ALC 外边界计算。

E_c：ALC 短期弹性模量。

E_s：钢筋的弹性模量。

E_{eff}：ALC 的有效（长期）弹性模量。

EI_0：ALC 无裂缝状态下的断面刚度（假设为 ALC 的短期弹性模量）。

EI_1：无裂缝状态下 ALC 的断面刚度。

EI_2：裂缝状态下 ALC 的断面刚度。

EI_k："部分裂缝"状态（设计荷载下）下 ALC 的断面刚度。

f_c：计算的 ALC 压缩应力。

f'_c：给定的圆柱测试所得 ALC 抗压强度。

f_{cu}：给定的立方体测试所得 ALC 抗压强度。

f_s：计算的受拉钢筋拉应力。

f'_s：计算的受压钢筋的拉应力。

f_{sperm}：钢筋的允许拉应力。

f_y：给定的非预应力钢筋屈服强度。

f_{teff}：ALC 的"有效"抗拉强度。

f_{sl}：在 $\tau_b = \tau_{bd}$ 点钢筋的拉应力。

F_a：纵向钢筋的拉力。

f_{cm}：把使用荷载作为恒荷载的比例系数，其值 <1。

$f_{cm\text{-}ae}$：在次结构安装前，部分加载在 ALC 构件上的恒荷载比例系数，其值 <1。

$f_{cm\text{-}de}$：在次结构安装后，部分加载在 ALC 构件上的恒荷载比例系数，其值 <1。

f_{cv}：为把使用荷载作为活荷载处理的比例系数，其值 <1。

f_{cvp}：为永久作用在结构上的部分活荷载的比例系数，其值 <1。

$f_{cv\text{-}cd}$：为短期作用在结构上的部分活荷载的比例系数，其值 <1。

h：极限受压纤维和抗拉钢筋重心的距离（钢筋杠杆臂底部）。

I：转动惯量。

l：板长。

l_d：板的设计跨长。

MOR：ALC 断裂模量（由弯曲荷载引起的抗拉强度）。

M：弯矩。

M_{cv}：由活荷载产生的弯矩。

M_i：相邻构件施工前，荷载作用下的弯矩。

M_k：设计荷载作用下的弯矩。

M_{permf}：弯曲设计中允许设计弯矩。

M_{permc}：剪切设计中允许设计弯矩。

M_{uf}：构件的纯弯曲承载重能力（弯曲设计中的极限抵抗弯矩）。

M_1：ALC 断面的开裂弯矩。

M_2：ALC 断面的极限弯矩。

M'：垂直墙板的"变换"弯矩。

n_a：配筋 ALC 板中横向钢筋的数量。

P_p：板的结构自重。

P_a：单根锚固筋所承受的力。

q_p：永久与半永久荷载总和。

q_d：设计荷载。

q_d'：水平墙板的"转换"设计荷载。

q_s：使用荷载。

REC：钢筋的 ALC 保护层。最小的钢筋保护层厚度为 12.7mm。

r：回转半径。

s：纵向钢筋间距。

s_p：ALC 板的支承长度。

T：ALC 配筋板中受拉钢筋的合成力。

V_{perm}：剪切破坏的允许剪力。

V_u：剪切破坏的极限剪力。

x_n：ALC 配筋断面中性轴深度。

W_c：剪切设计中单位板宽的最大允许分布荷载。

W_f：弯曲设计中单位板宽的最大允许分布荷载。

z：抗弯钢筋的极限分布量（裂缝控制）。

α：合成混凝土力中的系数：$C_c = \alpha \cdot f_c' \cdot b \cdot x_n$。

α_h：水平墙板的荷载增加系数。

α_v：垂直墙板的荷载增加系数。

α_l：永久荷载和半永久荷载与总设计荷载的比例。

β：合成混凝土力时，中性轴深度的分数。

Δ_a："主动挠度"，在非结构构件安装施工后所引起的那部分挠度。

Δ_{cv}：总活荷载引起的瞬时挠度。

Δ_i：瞬时挠度是因在临近构件施工前产生的荷载而发生的。

Δ_k：总设计荷载作用下的挠度。

Δ_s：短期荷载作用下的瞬时挠度。

Δ_0：预应力和干缩引起的"翘曲"。

ε_c：ALC 的压应变。

ε_{cy}：ALC 的最大弹性压应变。

ε_{cu}：ALC 的极限压应变。

ε_s：钢筋的拉应变。

ε_{sy}：钢筋的屈服应变。

ε_{su}：钢筋的极限拉应变。

ε_0：最终等效"预应力"（是钢筋和 ALC 干缩后的变位）。

ϕ：ALC 的蠕变系数（定义为 ALC 蠕变和弹性应变的比例）。

ϕ_1：一天后的蠕变系数。

γ_{uf}：ALC 配筋构件弯曲设计中的"全局"安全系数。

γ_{uc}：ALC 配筋构件剪切设计中的"全局"安全系数。

γ_{ub}：ALC 配筋构件锚固破坏的"全局"安全系数。

μ：受拉钢筋对 ALC 面积的百分比。

ν_c：ALC 的剪切强度。

ρ：ALC 的最大干密度。

ρ_d：ALC 的设计密度（包括水分和钢筋）。

σ_c：ALC 的压应力。

σ_s：钢筋的拉应力。

σ_s'：钢筋的压应力。

σ_{max}：设计荷载下的最大拉应力。

τ_u：无剪切钢筋板的极限剪切强度。

τ_b：设计荷载下的粘结应力。

τ_k：给定的 ALC 和钢筋间的粘结强度。

τ_{bd}：设计粘应力。

第四篇　围护墙体性能试验研究

19　材料性能试验

19.1　蒸压轻质加气混凝土物理性能试验

1. 蒸压轻质加气混凝土墙板冻融试验

由于温度的变化，反复出现冻融现象时，蒸压轻质加气混凝土内部的水分会发生涨缩，
并对蒸压轻质加气混凝土材料产生破坏作用，试验通过对含水的蒸压轻质加气混凝土试块反复冻融后测定其外观变化、质量及抗压强度的减少等来确认其抗冻融的能力。

试验方法：将 12 块含水率为 40％ 的 100mm×100mm×100mm 的立方体蒸压轻质加气混凝土试块，用棉布包裹好，放入恒温箱，根据图 19-1 所示温度-时间曲线反复冻融。冻融周期次数分别 30、60、90 次。达到相关周期数时，应仔细观察试样外观，认真检查质量及抗压强度，然后与 0 冻融周期时的试块进行比较。

试验结果分析见表 19-1。

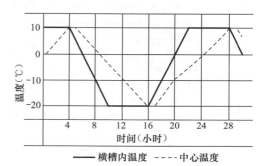

图 19-1　冻融温度-时间曲线图

外观观察结果			表 19-1
周期数	30 次	60 次	90 次
结果	无异常	无异常	无异常

将质量的测定结果作为质量减少率（％），将 0 冻融周期视为 100％ 时，得抗压强度测定结果，见表 19-2。

抗压强度测定值			表 19-2
周期数	30 次	60 次	90 次
质量减少率	0.2％	0.3％	0.6％
抗压强度比	93％	94％	94％

通过冻融试验表明，含水率 40％ 的试块，冻融试验即使持续 90 个循环冻融周期，其外观也不会显现异状，而且质量减少率与其抗压强度的降低比例小，仅为 0.6％ 及 6％。试验表明，蒸压轻质加气混凝土抗冻融性能良好。

2. 蒸压轻质加气混凝土吸水试验

通过对蒸压轻质加气混凝土墙板试块，分别在标准干燥状态20℃、60%RH的恒温室内干燥，含水率10%以及含水率40%状态下的试块进行吸水试验，进一步了解蒸压轻质加气混凝土墙板吸水特性。

试验方法：将试块分别放入20℃的水中，A组试块完全浸泡在水中，B组试块局部浸泡水中控制高度为20mm，分别测定1、3、7、14、28天的试块重量（图19-2）。

试验结果如图19-3所示。

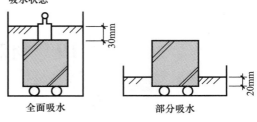

图 19-2　试验装置图

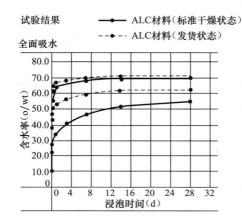
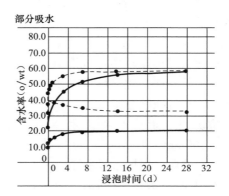

图 19-3　含水率与浸泡时间曲线图

3. 蒸压轻质加气混凝土墙板材料的不燃试验

从蒸压轻质加气混凝土墙板中央部位取6块容重为600kg/m³，大小为40mm×40mm×50mm的蒸压轻质加气混凝土试块。

试验方法：采用《BS 476-4：建筑材料阻燃防火测试-不燃测试》（BSI BS 476-4 Fire tests on building materials and structures-Part 4：Non-combustibility test for materials）试验标准，将炉子加热到750±10℃后保持10min炉温，将试块放进炉子，持续20min测温，采用2个镍钴—镍铝热电偶分别测试炉温和试件温度，重复此步骤测试其他两个试件。

测试结果见表19-3。

阻燃测试结果　　　　　　　　　　　　　　　　　　表 19-3

说　明	试件 1	试件 2	试件 3	标准要求
持续燃烧时间（秒）	0	0	0	<10
炉温升高（℃）	18	19	7	<50
试件温度升高（℃）	0	0	0	<50
类别	不燃	不燃	不燃	—

结论：根据《BS 476-4：建筑材料阻燃防火测试-不燃测试》测试，蒸压轻质加气混凝土为不燃材料。

19.2 蒸压轻质加气混凝土墙板承载能力试验

1. 蒸压轻质加气混凝土抗压强度及密度试验

通过对 3 块 100mm×100mm×100mm 蒸压轻质加气混凝土立方体进行抗压强度实测，了解蒸压轻质加气混凝土的抗压性能。结合密度计算公式，进一步测定蒸压轻质加气混凝土的密度。

试验方法：将试件在温度被调到 75℃ 以下的鼓风机干燥箱中干燥至含水率达到 10%±2%，然后冷却至常温。使用 JIS B 7507：1993 中规定的游标卡尺测量试件的厚度、宽度及长度，游标卡尺读数保留 1 位小数，利用电子秤，测得试块的质量。采用可以加荷至 100N 的抗压强度试验机，以每秒 0.1~0.2N/mm² 的速度加压试块，记录试块破坏时最大荷载值。

试验结果：测得在气干状态下蒸压轻质加气混凝土立方体抗压强度平均值大于 4.1MPa。与传统材料相比较，其抗压强度高 30%~40%。其体积密度为 05 级，干体积密度为 511kg/m³。

2. 蒸压轻质加气混凝土墙板 TU 形接缝承载力试验

TU 形板，即板一侧为凹形槽，另一侧为凸形槽。通过分别测定蒸压轻质加气混凝土墙板 TU 形接缝与 C 形接缝（砂浆粘接）在平面外加荷作用下的荷载传递相关参数，进一步了解 TU 形接缝的蒸压轻质加气混凝土墙板的承载性能。

试验方法：取长度为 3220mm 的两种不同类型蒸压轻质加气混凝土墙板，TU 形缝板一组 3 块，C 形缝板组 3 块，TU 形缝板 1 块，分别安装到试验支架上（图 19-4），在 TU 形板的接缝处进行打胶、板缝修补处理，C 形板缝利用砂浆修补处理，并安装加荷装置，控制加荷点在整个试验装置的中心点，通过逐级连续施加荷载，观察蒸压轻质加气混凝土墙板各个部位的变形情况，记录各种荷载作用下的挠曲量。

试验结果：

在平面外荷载作用下对蒸压轻质加气混凝土墙板 TU 形接缝与 C 形接缝（砂浆粘接）所测得的相关数据比较后，在处于同一荷载状态下，TU 形接缝板的挠曲量小（表 19-4、图 19-5），在蒸压轻质加气混凝土墙板发生断裂时，TU 形接缝板最大荷载远大于 C 形缝板，且墙板之间在平面外也不会发生接缝错动的情况。

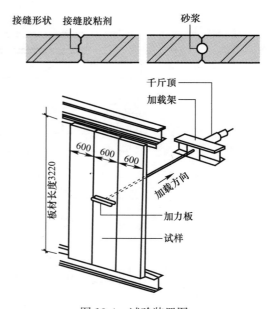

图 19-4 试验装置图

各种荷载作用下挠曲值　　　　　　　　　　　　　　表 19-4

接缝种类		TU 接缝	砂浆接缝	单　块
挠曲量（mm）	1250N	1.63	1.83	5.13
	2500N	3.49	3.88	10.72
	3750N	5.35	5.86	18.56
最大荷载（N）		19600	13870	8130
最大荷载时的挠曲（mm）		33.23	33.74	58.27

3. 蒸压轻质加气混凝土墙板抗弯承载力试验

该试验通过对不同长度的蒸压轻质加气混凝土墙板进行抗弯试验，测得蒸压轻质加气混凝土墙板在不同荷载作用状态下的抗弯能力，确定蒸压轻质加气混凝土墙板抗弯承载性能。

试验方法：加力方法，选用图 19-6 所示的荷载试验装置，使用时将假定要承载荷载的面朝上，将该面与荷载方向成直角设置。加载使跨度中央的挠曲速度达到每秒 0.05mm 左右。

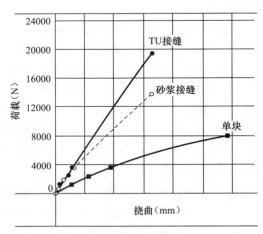

图 19-5　荷载-挠曲量曲线图

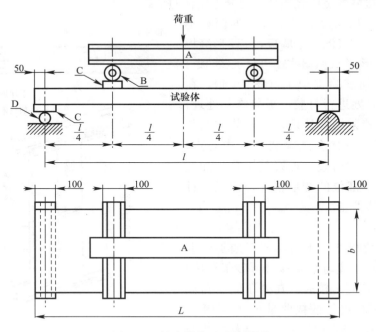

图 19-6　抗弯性能试验装置图

图 19-6 中：

A：加力用梁；

B：加力点辊柱（长度在试件宽度以上，可以无视荷载造成的变形，具有充分抗挠刚度的钢制圆柱或管子）；

C：加压板（宽100mm，长度在试件宽度以上，厚度为6～15mm的钢板），薄型板可以不用；

D：支点辊柱（长度在试件宽度以上，可以无视荷载造成的变形，具有充分抗挠刚度的钢制圆柱或管子）；

l：支点间距离；

L：试件的长度；

b：试件的宽度。

加力试验使用能测量到50N单位的试验机（图19-7），求出最大值。利用跨度中央部位的挠度测量结果，作荷载-挠度曲线，求得最初回折点相对应的荷载即为弯曲裂纹荷载。测量挠度，使用位移仪器可精确到0.05mm，有效位数保留1位小数点。

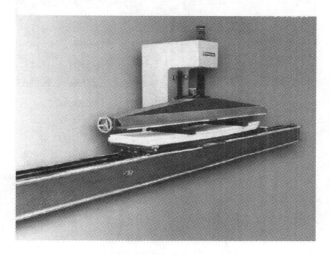

图 19-7　抗弯性能试验设备

另外，当加载达到弯曲裂纹荷载后，无需测量挠度。

加载达到弯曲断裂荷载下限值时的挠度，可通过荷载-挠度曲线求取。

实验结果：取10块不同长度、不同配筋的蒸压轻质加气混凝土墙板进行抗弯承载力试验，早期开裂的实际荷载与设计荷载的比值在1.2～2.62之间，破坏荷载与设计荷载的比值在1.98～6.04之间，抗弯承载力好。

19.3　蒸压轻质加气混凝土墙板抗拉拔能力试验

测定采用HIT-HY70化学锚栓情况下的节点抗拉拔强度。

试验方法：利用HIT-HY70锚固胶粘剂，将M10锚栓安装在蒸压轻质加气混凝土墙板试件上，放上测试仪器，注意确保仪器卡槽完全在锚栓位置，装上垫片，拧紧螺母，将仪表读数回零，转动仪器手柄，持续加荷直到节点发生破坏，读取仪表盘刻度，记录数值，观察锚栓节点破坏情况（图19-8～图19-11）。

图 19-8　HIT-HY70 化学锚栓安装

图 19-9　锚栓抗拉拔试验装置

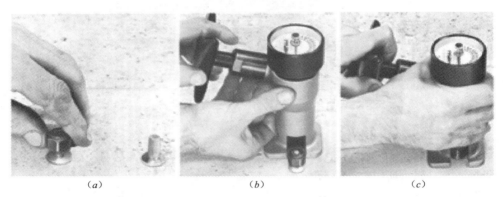

（a）　　　　　　　　　（b）　　　　　　　　　（c）

图 19-10　锚栓抗拉拔试验操作步骤

图 19-11　拉拔试验图片

试验结果见表 19-5。

拉拔试验结果　　　　　　　　　　　　　　　　　　表 19-5

试验锚件类型	荷载设计值（kN）	试验实测值（kN）	试验结果描述
HIT-HY70 M10 化学锚栓 1	1.5	5.5	锚栓被拔出，节点处化学胶脱落
HIT-HY70 M10 化学锚栓 2	1.5	6.5	锚栓被拔出，节点处化学胶脱落

19.4　金属面岩棉夹芯板承载能力试验

试件规格见表 19-6。

试件规格　　　　　　　　　　　　　　　　　　　　表 19-6

类　别	试件名称	试验尺寸（mm）（长×宽×厚）	个　数
材性试验	芯材	150×100×100	3
抗弯试验	金属面岩棉夹心墙面（YQG）	4000×1000×80	3

将金属面岩棉夹芯板放置于铁槽中，上面覆盖塑料薄膜，用双面胶和玻璃胶将薄膜和铁槽紧密地连接在一起，达到密封的目的，用真空泵抽真空，使得金属面岩棉夹芯板表面在大气压的作用下，产生均布荷载的效果。试验结果见表 19-7、表 19-8，荷载—挠度曲线如图 19-12 所示。

岩棉芯材试验结果　　　　　　　　　　　　　　　　表 19-7

材料名称	强度（kN）	弹性模量（MPa）
岩棉芯材	0.7	2.3

金属面岩棉墙面板试验结果　　　　　　　　　　　　表 19-8

种　类	编　号	f（1/200 跨度时荷载）(kN/m)				破坏荷载（kN/m）			
		一组	二组	三组	平均值	一组	二组	三组	平均值
钢板	YQ（G）4000-80	5.6	5.5	5.7	5.6	6.5	6.5	6.3	6.5

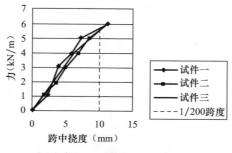

YQ（G）4000-100荷载—挠度曲线

图 19-12　彩钢岩棉墙面板的荷载-挠度曲线

20 复合墙体的隔声性能试验研究

20.1 以蒸压轻质加气混凝土为外层墙的 STC45 复合墙体隔声试验研究

该试验采用 GB/T 19889 标准规定的测试方法测试，对蒸压轻质加气混凝土墙板进行空气隔声实验室测量。试件规格为 600mm（宽）×150mm（厚）×L 的蒸压轻质加气混凝土墙板，如图 20-1 所示。

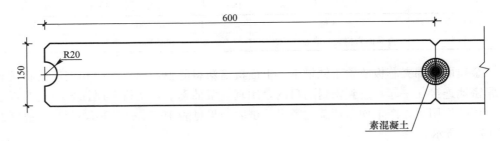

图 20-1 试件构造图

试验过程：实验室由两个相连的混响室构成，试件安装在两个混响室之间的洞口。声源发射稳定的声波，在所考虑的频率范围有个连续的频谱，所采用的滤波器应为 1/3 倍频程频带，使声源的声功率足够高，接收室内任一个频带的声压级比环境噪声级至少高 10dB。采用多个固定的传声器来获得平均声压级，传感器位置在 1/3 倍频程中心频率高于 500Hz 时取 3 点，低于和等于 500Hz 时可取 6 点，每个传感器位置上对每一频率用 5 秒的平均试件读取平均值。

试验数据见表 20-1，隔声特性曲线与隔声指数 I_a 如图 20-2 所示。

隔声测试数据表　　　　　　　　　　　　　　　　　表 20-1

f（Hz）	100	125	160	200	250	315	400	500	630	800	1000	1250	1600	2000	2500	3150	4000
L_1	107.3	107.0	106.3	109.7	105.1	107.3	108.8	109.3	108.1	105.6	103.8	106.3	104.9	103.8	103.7	101.9	100.4
L_2	71.7	69.1	71.2	71.8	67.0	67.8	68.5	68.0	61.9	55.0	49.2	49.1	44.3	40.5	40.0	36.6	32.7
$D=L_1-L_2$	36.3	37.9	35.1	37.9	38.1	39.5	40.3	41.3	46.3	50.6	54.6	57.2	60.6	63.3	63.7	65.3	67.7
T60	3.4	2.75	2.86	2.34	2.78	2.1	2.03	1.86	1.85	1.81	1.55	1.53	1.41	1.38	1.37	1.27	1.14
10LGS/A	−2.8	−3.7	−3.6	−4.6	−3.7	−4.9	−5.0	−5.4	−5.4	−5.5	−6.2	−6.2	−6.6	−6.7	−6.8	−7.1	−7.5
R	33.5	34.2	31.5	33.3	34.4	34.6	35.3	35.9	40.9	45.1	48.4	51.0	54.0	56.6	56.9	58.2	60.2
$\bar{R}$	43.8（平均隔声量）																
I_a	43.8（隔声指数）																

试验结果表明，150mm 的蒸压轻质加气混凝土墙板，其平均隔声指数可达 44.3dB，150mm 厚的预制混凝土墙板的隔声指标 STC 可达 55dB，由此可见，蒸压轻质加气混凝土墙板的隔声功能低于预制混凝土墙板。由图 20-2 可知，蒸压轻质加气混凝土墙板的隔声功能在低频声源区大大降低，其最小值仅为 32dB。

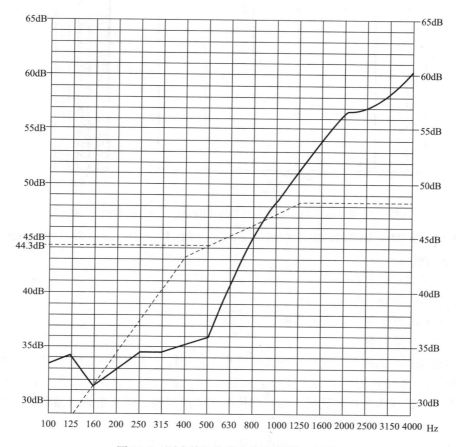

图 20-2 隔声特性曲线与隔声指数 I_a 评价

20.2 以蒸压轻质加气混凝土为外层墙的 STC65 复合墙体隔声试验研究

该试验按照《ASTM E90-04 Standard Test Method for Laboratory Measurement of Airborne Sound Transmission Loss of Building Partitions and Elements》（空中声音传播损失的标准实验室测定方法）进行试验。

声源室与接收室间洞口尺寸为 3.19m（宽）×3.16m（高）＝10.08m² 。

以蒸压轻质加气混凝土为外层墙的 STC65 复合墙体试件体系如图 20-3 所示。

从声源室到接收室依次为：

（1）150mm 厚蒸压轻质加气混凝土墙板；

（2）80mm 厚空气隔层；

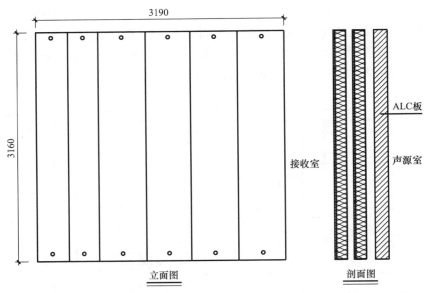

图 20-3 以蒸压轻质加气混凝土为外层墙的 STC65 复合墙体隔声测试试件

（3）80mm 厚金属面岩棉夹芯板（0.7mm 厚钢板＋78.5mm 厚 120kg/m³ 岩棉＋ 0.8mm 厚钢板）；

（4）2 层 12mm 厚石膏板；

（5）50mm 厚空气隔层；

（6）80mm 厚金属面岩棉夹芯板；

（7）12mm 厚石膏板。

试验过程：启动声源系统并维持在恒定水平，使接收室内任一个频带的声压级比环境噪声级至少高 15dB，把两个扬声器分别放置于声源室的两个角落，以产生白噪声。采用双声道声学分析仪重复 3 次测量声源室和接收室的声压级。把两个扬声器分别放置于接收室的两个角落，以产生粉红噪声（图 20-4）。重复 2 次测定接收室两个不同位置扬声器的回响时间，计算 6 个声压级平均值和四个回响时间平均值。

图 20-4 试件安装

试验数据见表 20-2。

隔声测试数据表　　　　　表 20-2

1/3 倍频（Octave frequency）(Hz)	声音传输损耗 （Sound transmission loss）TL＝(dB)	偏移参照曲线 （Shifted reference curve）STC＝69(dB)	损失（Deficiency）
100	53.6	50.0	0.0
125	49.1	53.0	3.9
160	57.4	56.0	0.0
200	58.9	59.0	0.1
250	61.1	62.0	0.9
315	60.6	65.0	4.4
400	63.4	68.0	4.6
500	65.3	69.0	3.7
630	67.6	70.0	2.4
800	67.0	71.0	4.0
1000	69.4	72.0	2.6
1250	72.0	73.0	1.0
1600	71.9	73.0	1.1
2000	72.4	73.0	0.6
2500	73.9	73.0	0.0
3150	75.5	73.0	0.0
4000	75.5	73.0	0.0
5000	76.8	73.0	0.0
总损失（125～4000Hz）			29.0

图 20-5 是隔声特征曲线，试验结果表明以蒸压轻质加气混凝土为外层墙的 STC65 复合墙体隔声量为 69dB，由于采用了金属岩棉复合板隔声，增加了墙体的质量，改善了低频声源穿过墙体时的隔声能力，大大减薄了轻质隔声墙体的厚度，完全可以满足设计要求。

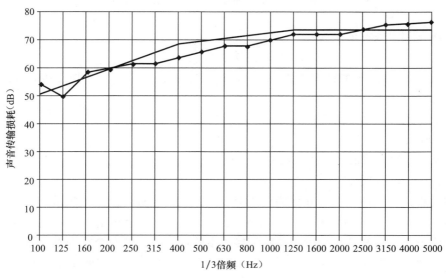

图 20-5　隔声特性曲线

20.3 以砖墙为外层墙的 STC65 复合墙体隔声试验研究

该试验按照《ASTM E90-04 Standard Test Method for Laboratory Measurement of Airborne Sound Transmission Loss of Building Partitions and Elements》（空中声音传播损失的标准实验室测定方法）进行试验。

声源室与接收室间洞口尺寸为 3.19m（宽）×3.16m（高）＝10.08m²。

以砖墙为外层墙的 STC65 复合墙体试件体系如图 20-6 所示。

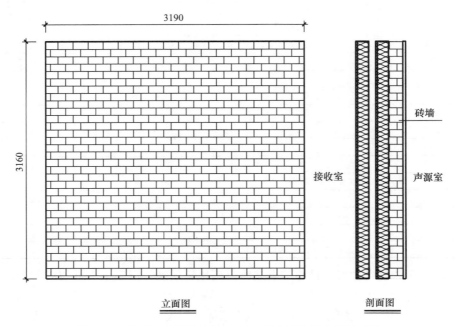

图 20-6　以砖墙为外层墙的 STC65 复合墙体隔声测试试件

从声源室到接收室依次为：

(1) 215mm 厚砖墙（＋20mm 厚砂浆抹灰）；

(2) 80mm 厚金属面岩棉夹芯板（0.7mm 厚钢板＋78.5mm 厚 120kg/m³ 岩棉＋0.8mm 厚钢板）；

(3) 2 层 12mm 厚石膏板；

(4) 50mm 厚空气隔层；

(5) 80mm 厚金属面岩棉夹芯板；

(6) 12mm 厚石膏板。

试验过程：启动声源系统并维持在恒定水平，使接收室内任一个频带的声压级比环境噪声级至少高 15dB，把两个扬声器分别放置于声源室的两个角落，以产生白噪声。采用双声道声学分析仪重复 3 次测量声源室和接收室的声压级。把两个扬声器分别放置于接收室的两个角落，以产生粉红噪声（图 20-7）。重复 2 次测定接收室两个不同位置扬声器的回响时间，计算 6 个声压级平均值和四个回响时间平均值。

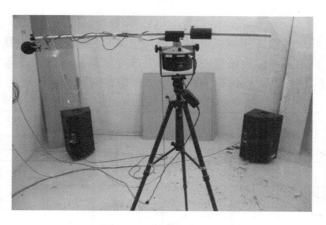

图 20-7　实验室声源室

试验数据见表 20-3。

隔声测试数据表　　　　　　　　　表 20-3

1/3 倍频（Octave frequency）（Hz）	声音传输损耗（Sound transmission loss）TL＝(dB)	偏移参照曲线（Shifted reference curve）STC＝69(dB)	损失（Deficiency）(dB)
100	47.8	52.0	4.2
125	48.4	55.0	6.6
160	50.7	58.0	7.3
200	55.6	61.0	5.4
250	61.6	64.0	2.4
315	63.3	67.0	3.7
400	67.3	70.0	2.7
500	69.9	71.0	1.1
630	71.4	72.0	0.6
800	71.8	73.0	1.2
1000	74.0	74.0	0.0
1250	74.3	75.0	0.7
1600	76.7	75.0	0.0
2000	78.3	75.0	0.0
2500	80.2	75.0	0.0
3150	80.9	75.0	0.0
4000	80.4	75.0	0.0
5000	82.8	75.0	0.0
总损失（125～4000Hz）			32.0

　　隔声曲线如图 20-8 所示。试验结果表明以砖墙为外层墙的 STC65 复合墙体隔声量为 71dB，其试验结果好于轻质蒸压加气混凝土板加金属岩棉和石膏板的复合隔声墙体。但由于建筑物高度超过 20m，考虑到施工安全和施工难度，最后选用轻质蒸压加气混凝土板加金属岩棉和石膏板的复合隔声墙体作为新加坡环球影城隔声墙体。

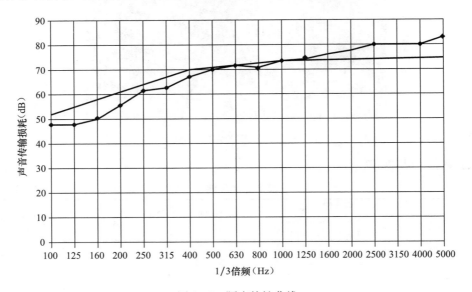

图 20-8　隔声特性曲线

21 复合墙体的外墙板耐火、防水试验

21.1 蒸压轻质加气混凝土外墙板耐火试验

该耐火试验根据《BS 476-22：Fire tests on building materials and structures-part 22：Methods for determination of the fire resistance of non-loadbearing elements of construction》（非承重建筑构件耐火性能测试方法）进行试验。

试验开始前，确保试验周围环境温度不超过35℃。开始加热试件时，线性压力梯度为每增高1000mm，压力增加8.5±2Pa，但是顶部最大压力不超过18±2Pa。在试件的背火面安装5个热电偶测量温度，其中试件中心一个，其他四个象限中心各一个，求取五个热电偶的平均值，热电偶安装至少远离支撑、构件或者连接缝50mm。背火面的最大温度由放置于接缝处和支撑处的热电偶测得。在整个测试过程中，观察并做好记录，棉片、测隙规和移动热电偶等工具用以检测试验是否失败。当试验发生以下一个或几个现象时，或者试验方与实验室达成协议时将终止试验：

（1）发生倒塌或者试件背火面持续燃烧10秒以上；

（2）采用棉片在试件背火面测试，火焰或热气体引起棉片燃烧；

（3）棉片不燃烧，但试件裂开长度150mm、宽度6mm或者以上的；

（4）当裂缝长度达到25mm或者以上的；

（5）当背火面的平均温度超过初始值140℃；

（6）当背火面的任何一个地方超过平均温度初始值180℃。

21.1.1 横装蒸压轻质加气混凝土墙板试验

实验室测试框尺寸为3180mm×3180mm，选用5块长度为3180mm，宽度为600mm的蒸压轻质加气混凝土墙板，左右两边各安装63mm×100mm×6mm的角钢固定于测试框，蒸压轻质加气混凝土墙板采用勾头锚栓固定于角钢上，顶部180mm砖砌，详细节点见图21-1试件安装图，试验进行状况见图21-2。

试验结果见表21-1～表21-4，炉温曲线见图21-3。

结论：横装蒸压轻质加气混凝土墙板试验进行260min，试件无明显故障，背火面平均温度比原始温度升高45.2℃，最大温度升高值比原始温度高57.0℃，均在标准要求内。因此，150mm横装蒸压轻质加气混凝土墙板防火可达260min以上。

21.1.2 竖装蒸压轻质加气混凝土墙板试验

实验室测试框架尺寸3180mm×3180mm，选用5块长度为3180mm，宽度为600mm

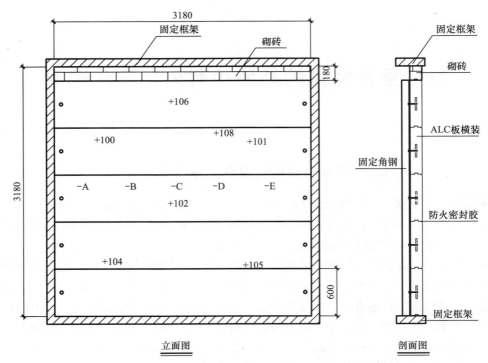

立面图   剖面图

说明：立面图中"+"为热电偶测量点；"-"为板挠度测量点

图 21-1　横装蒸压轻质加气混凝土墙板防火试验装置图

图 21-2　试验进行到 150min

　　的蒸压轻质加气混凝土墙板，上下两边各安装 63mm×100mm×6mm 的角钢固定于测试框，蒸压轻质加气混凝土墙板采用勾头锚栓固定于角钢上，侧边 155mm 砌砖，在砖与蒸压轻质加气混凝土墙板之间的 25mm 缝隙填充岩棉，详细节点如图 21-4，试验进行状况如图 21-5 所示。

曲线下面积比较　　　　　　　　　　　　　　　　　　表 21-1

时间（分）	升温值（℃）		曲线下面积（℃·分）		百分比差异	标准公差
	标准值	炉火值	标准值	炉火值		
5.0	556.4	529.9	2038.1	1804.3	−11.5	15.0
10.0	658.4	667.5	5102.7	4881.7	−4.3	
15.0	718.6	717.8	8554.8	8352.1	−2.4	10.0
30.0	821.8	818.8	20195.3	19992.4	−1.0	
60.0	925.3	927.5	46579.6	46372.7	−0.4	5.0
120.0	1029.0	1029.5	105566.9	105376.8	−0.2	
180.0	1089.7	1089.4	169252.9	169046.3	−0.1	
240.0	1132.8	1130.1	235991.4	25771.9	−0.1	
260.0	1144.8	1144.3	258769.2	258552.7	−0.1	

试件背火面测试点温度　　　　　　　　　　　　　　　　表 21-2

时间（分）	热电偶偏导					平均气温（℃）	高于初始平均气温（℃）	
	100	101	102	104	105		平均温度	最高温度
0.0	27.9	27.9	27.6	28.4	28.1	28.0	—	—
30.0	28.1	28.1	27.8	28.5	28.3	28.2	0.2	0.5
60.0	31.5	31.3	30.6	30.7	30.7	31.0	3.0	3.5
120.0	63.6	63.9	61.8	62.0	64.5	63.2	35.2	36.5
180.0	70.7	71.5	70.3	71.3	72.2	71.2	43.2	44.3
240.0	72.7	73.3	72.1	72.4	73.3	72.7	44.8	45.3
260.0	73.3	73.7	72.7	72.6	73.7	73.2	45.2	45.8

说明：平均气温来自于热电偶点 100 到 102 和 104 到 105。

背火面附加测试点温度　　　　　　　　　　　　　　　　表 21-3

时间（分）	热电偶偏导		平均气温（℃）	最高温度高于初始温度（℃）
	106	108		
0.0	27.9	27.6	27.7	—
30.0	28.2	27.8	28.0	0.4
60.0	31.6	38.6	35.1	10.9
120.0	69.9	76.8	73.4	49.1
180.0	73.2	81.0	77.1	53.3
240.0	74.3	84.0	79.2	56.3
260.0	75.0	84.7	79.9	57.0

试件挠度（偏向炉子）　　　　　　　　　　　　　表 21-4

时间（分）	试件挠度测量（mm）				
	A	B	C	D	E
10.0	1	2	3	3	1
20.0	1	5	5	4	2
30.0	3	5	8	6	3
45.0	6	14	13	12	5
60.0	10	20	24	20	9
120.0	7	16	19	17	8
180.0	6	13	15	14	8
240.0	6	12	15	12	7

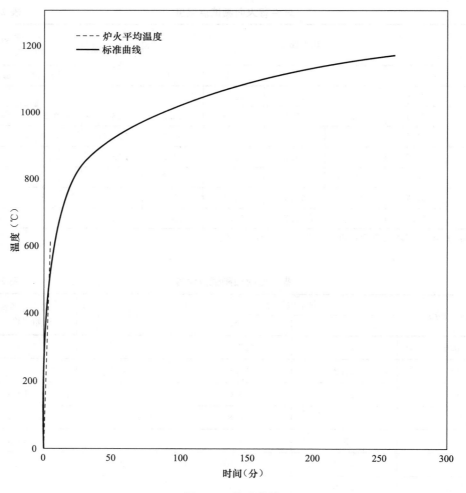

图 21-3　炉温曲线

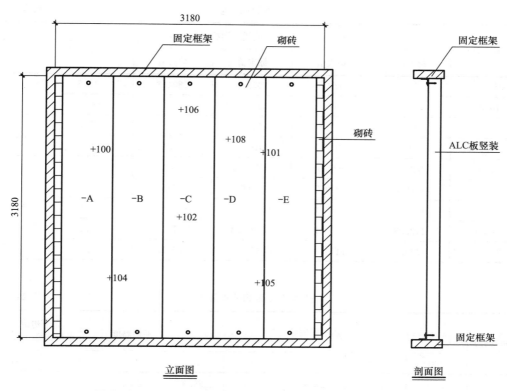

说明：立面图中"+"为热电偶测量点；"-"为板挠度测量点

图 21-4 竖装蒸压轻质加气混凝土墙板防火试验装置图

图 21-5 竖装蒸压轻质加气混凝土墙板试验进行到 245min

试验结果见表 21-5～表 21-8，炉温曲线见图 21-6。

曲线下面积比较　　　　　　　表 21-5

时间（分）	升温值（℃）		曲线下面积（℃·分）		百分比差异（%）	标准公差（±%）
	标准值	炉火值	标准值	炉火值		
5.0	556.4	529.9	2038.1	1804.3	−11.5	15.0
10.0	658.4	667.5	5102.7	4881.7	−4.3	
15.0	718.6	717.8	8554.8	8352.1	−2.4	10.0
30.0	821.8	818.8	20195.3	19992.4	−1.0	
60.0	925.3	927.5	46579.6	46372.7	−0.4	5.0
120.0	1029.0	1029.5	105566.9	105376.8	−0.2	
180.0	1089.7	1089.4	169252.9	169046.3	−0.1	
240.0	1132.8	1130.1	235991.4	235771.9	−0.1	
260.0	1144.8	1144.3	258769.2	258552.7	−0.1	

试件背火面测试点温度　　　　　　　表 21-6

时间（分）	热电偶偏导					平均温度（℃）	高于初始平均温度（℃）	
	100	101	102	104	105		平均温度	最高温度
0.0	28.9	28.6	28.8	29.4	29.0	28.9	—	—
30.0	29.9	29.7	29.7	30.5	30.2	30.0	1.1	1.5
60.0	33.2	32.9	32.7	33.5	33.1	33.1	4.1	4.6
120.0	65.1	65.4	63.3	64.9	66.7	65.1	36.2	37.8
180.0	71.5	71.6	70.6	70.9	72.4	71.4	42.5	43.4
240.0	73.5	73.1	72.3	73.6	73.8	73.3	44.3	44.9
260.0	74.2	73.9	72.9	74.4	74.6	74.0	45.1	45.7

说明：平均气温来自于热电偶点 100 到 102 和 104 到 105。

背火面附加测试点温度　　　　　　　表 21-7

时间（分）	热电偶偏导		平均温度（℃）	最高温度高于初始温度（℃）
	106	108		
0.0	29.0	29.0	29.0	—
30.0	30.3	30.0	30.2	1.4
60.0	33.5	50.2	41.8	21.2
120.0	64.2	78.2	71.2	49.3
180.0	72.4	82.6	77.5	53.6
240.0	74.6	83.9	79.3	54.9
260.0	75.5	84.0	79.7	55.0

试件挠度（偏向炉子）   表 21-8

时间（分）	试件挠度测量（mm）				
	A	B	C	D	E
10.0	3	3	3	2	2
20.0	4	4	5	3	4
30.0	5	9	8	8	7
45.0	8	18	22	20	15
60.0	14	32	38	36	23
120.0	13	32	42	35	24
180.0	9	24	32	26	19
240.0	7	20	25	20	15

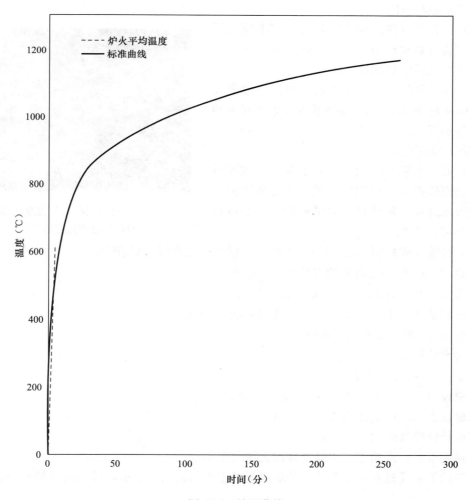

图 21-6 炉温曲线

结论：竖装蒸压轻质加气混凝土墙板试验进行 260min，试件无明显故障，背火面平均温度比原始温度升高 45.2℃，最大温度升高值比原始温度高 57.0℃，均在标准要求内。因此，150mm 蒸压轻质加气混凝土墙板竖装墙板防火可达 260min。

21.2　蒸压轻质加气混凝土外墙板防水试验

通过对已经完成防水涂料的蒸压轻质加气混凝土墙板进行系统性的渗水测试，充分了解蒸压轻质加气混凝土墙板的防水性能，以及对完成的工程检验，进而控制好工程质量。根据美国标准《AAMA 501.2-2003 Quality Assurance and Diagnostic Water Leakage Field Check of Installed Storefronts，Curtain Walls，and Sloped Glazing Systems》（已安装门面、幕墙和斜坡玻璃系统的质量保证与诊断性的施工现场渗水检查）的要求，采用 30～35psi（即 206～241kPa）的水压进行直接喷淋蒸压轻质加气混凝土墙板测试部位，再检查背面墙体是否出现渗漏现象。

试验步骤与方法：

（1）检查测试部位的蒸压轻质加气混凝土墙板体系安装与防水涂料，接缝处防水处理是否完整，做好测试前检查准备工作。

（2）利用升降车，到达测试部位保持喷淋设备与墙体距离为 300mm，将喷淋设备垂直对准墙体，控制水压 30～35spi（即 206～241kPa），喷淋时间超过 5min。

（3）沿着水平方向上依次从上到下完成喷淋步骤，全面检查蒸压轻质加气混凝土墙体背面是否出现渗漏现象，并做好相关试验记录。测试过程如图 21-7、图 21-8 所示。

图 21-7　蒸压轻质加气混凝土墙板
背面渗水测试试验照片

（4）试验主要控制参数（英国规范 AAMA 501.2-03 标准规范）：

起始 300m² 的外层墙板的安装选择测试 30m²；

后续每 500m² 测试 30m²（最少选 5 处）；

每次测试密集不应小于 30m²，边长不应小于 5m；

水枪型号：B-25♯6.030 水枪；

连接水管规格：3/4″；

水压：30～35psi（即 206～241kPa）；

水枪设备位置：与墙体成 90°，保持水平；

水枪设备与测试墙体距离：300mm；

水枪持续喷淋时间：5min；

合格要求：要求墙体及接缝处背面无任何渗漏。

试验结果：通过对 7 个单体的外层墙板的渗水测试结果显示，墙体及接缝处背面无任何渗漏。

图 21-8 蒸压轻质加气混凝土墙板渗水测试试验照片

第五篇　围护墙体施工

22　复合墙体主要材料的包装运输和储存

22.1　采　购

复合墙体的主要材料蒸压轻质加气混凝土墙板、配件、防水材料、金属面岩棉夹芯板以及石膏板等均从我国国内采购，由于海外工程路途遥远，采用海运从发货到抵达现场大约需要 20～30d，周期长，如果出现材料不够的情况，本地又不能找到合适的替代材料，轻则增加运输成本，重则影响整个工期，同时会造成较大的经济损失和较坏的社会影响。因此，海外工程采购之前必须组织设计、加工、安装等各部门进行图纸会审和技术交底，了解设计意图及加工进度安排，及时发现设计缺陷和问题。

采购时应该在按照图纸计算的数量的基础上适当放量，以防止因运输丢失损坏、施工破损以及临时变更而造成的材料短缺。不同材料放量的尺度不同，对于当地能找到替代材料的放量控制在 2％左右，如石膏板、镀锌钢材（角钢、槽钢）以及金属面岩棉夹芯板；而对于当地不能够采购的材料如蒸压轻质加气混凝土墙板则需要放量到 5％，对于防水系统（油漆、密封胶）由于损耗较大应放量到 10％。

22.2　运　输

海外工程的材料运输是一个比较复杂和漫长的过程，一般情况下材料由工厂或供应商运送至港口，然后由货运公司及港口负责装船。运输时材料包装的尺寸应控制在运输要求的范围内，超重、超高、超宽以及异形都会增加运输成本。装船的途径有两种，即散装和集装箱运输。

（1）散装运输价格便宜但是时间长，容易损坏和受海水腐蚀。因此在时间允许情况下现场所需钢材可采用此种运输方式。散装运输时同规格的构件用槽钢做成的框架箱打包在一起，在框架箱的两侧设置吊装的吊耳；货物的外包装的标记按要求用英文书写，字体清晰可见。本工程所需材料仅支撑钢材可采用散装运输，且每次运量都不是很大，在运输时还需覆盖帆布防止海水的腐蚀。

（2）集装箱运输速度快、价格约为散货的 2～3 倍，如果规整、易损坏、易丢失以及怕水怕腐蚀的材料可采用此种运输方式。本工程所需材料除镀锌钢材外都采用集装箱运输，虽然运输成本提高了，但到场材料的质量有了很好的保证，其中很多材料怕水以及海水腐蚀（金属面岩棉夹芯板、修补材料）、怕晒（油漆、密封胶）、怕碰（蒸压轻质加气混凝土墙板）。集装箱运输的货物也应打包，每包重量 3～4t 为宜，包装外形尺寸以长度×110cm×

110cm为宜（以蒸压轻质加气混凝土墙板为例：最长5.2m，其每个包装重约5.2×1.1×0.6×0.6＝2t），底部预留8～10cm，以适合叉车作业。对于小配件，应在出厂小包装的基础上把若干小包装重新装入木箱或铁筐中，防止丢失，也方便搬运。

22.3 堆　　放

（1）蒸压轻质加气混凝土墙板材于施工日前开始进场，进场后利用叉车或汽车吊将板材卸至堆放点，堆放在现场水泥地坪上，确保材料与结构不变形。

（2）堆放时两端距板端1/5L处用垫木或加气混凝土块垫平，一层为6块，两层为一垛，每垛高不超过2m，如遇连续雨天，板材需采用覆盖防雨布或彩条布保护。

（3）在卸车、搬运中所损坏的板材，露出板材本筋的板材要及时在安装前进行修补，待修复后才能使用。

（4）金属面岩棉夹芯板、石膏板存储要注意防潮、防水。存放的地方要干燥，底部要用方木垫高10cm，码放高度不要超过2垛，两垛间要留10cm的间隙，以方便叉车转运。

22.4 现场二次运输

由于施工需要采取第二次搬运时要注意以下几点：

（1）二次搬运主要采用叉车，在搬运前，货叉要用橡胶板等材料包裹，防止运输时对板材破坏。

（2）二次搬运要根据需要准确地放到所需位置，尽量减少多次、反复搬运。

（3）二次搬运叉车不能达到的位置，可采用人工、小车等其他方式。

（4）二次搬运超长板材时，要首先确认道路情况，首先道路要平整，其次道路的坡度不要太大，尤其是下坡，如果下坡时坡度太大要采取辅助措施，防止板材的滑落，发生危险。

（5）二次搬运到达施工位置后，如不能马上安装要及时覆盖，下部垫起离地面约10cm，防止下雨受潮，尤其是金属面岩棉夹芯板和石膏板。

23 墙体系统施工技术

23.1 概 述

节能隔声复合墙板首次在新加坡应用，在本地没有成熟的安装经验可以借鉴，建筑种类多，体形复杂，与室外装修以及机电工程配合较多，工期短，难度大，没有现成的连接节点可以参照，要根据现场实际情况设计新的节点形式。在新加坡环球影城项目中共有 8 个单体采用预制外墙板，除黑暗骑士（Dark Ride 2）采用的混凝土预制外墙板外，其他 7 个单体均采用蒸压轻质加气混凝土墙板。其中 4D 影院 1 和 4D 影院 2（4D Cinema 1 & Cinema 2）、好莱坞剧院（Hollywood Theater 1）和音乐厅（Sound Stage facility）的隔声要求为 STC65。STC65 隔声系统在新加坡环球影城的成功应用，一方面满足业主工期的要求，也符合新加坡环保的政策，还节约了大量资金与时间。我们还针对这个隔声系统做了隔声试验，取得了良好的试验效果，为开发东南亚市场提供了有力的保障。

节能隔声复合墙板维护体系适用于钢结构以及混凝土结构外墙维护体系，具有良好的保温、隔声性能。根据结构的形式，外墙板可采用横板、竖板以及大板等不同的安装方法，内墙采用多层金属面岩棉夹芯板、石膏板，内外墙相结合以达到 STC65 的隔声要求。

节能隔声复合墙板的优点：

（1）经济：能增加使用面积，降低地基造价，缩短建设工期，减少暖气、空调成本，达到节能效果。

（2）施工方便：复合墙板所有板材均可以根据现场情况随意切割、开洞，可大大地减少人力物力投入；在安装时多采用干式施工法，工艺简便、效率高，可有效地缩短工期。

（3）环保：在生产过程中，没有污染和危险废物产生。使用时，也绝没有放射性物质和有害气体产生，即使在高温下和火灾中。

（4）配套性强：所有板材都具有完善的应用配套体系，而且可根据现场情况灵活选取连接方式，适应性更强。

节能隔声复合墙板安装工艺流程：安装外墙→外墙防水系统→安装金属面岩棉夹芯板内墙。外墙板安装工艺流程如图 23-1 所示，隔声内墙板安装工艺流程如图 23-2 所示。

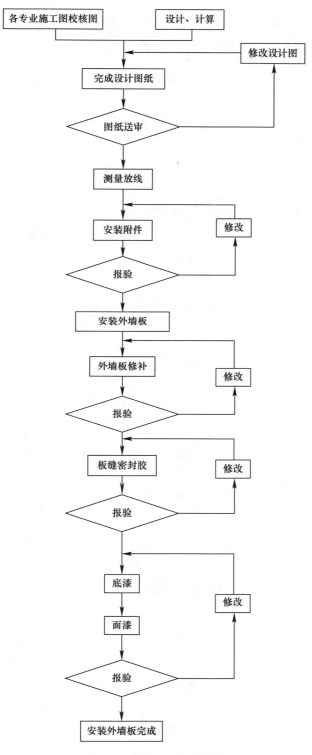

图 23-1 外墙板工艺流程图

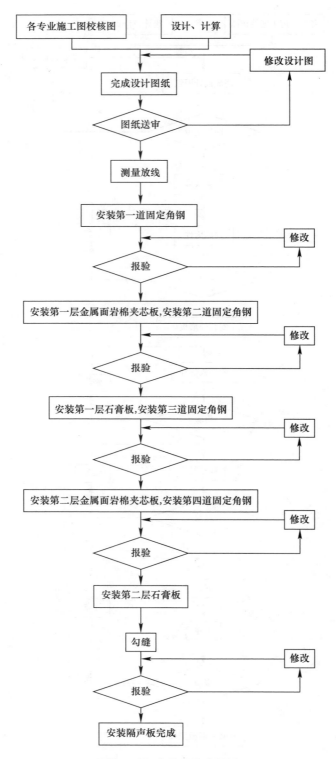

图 23-2　内墙工艺流程图

23.2 蒸压轻质加气混凝土墙板的安装

蒸压轻质加气混凝土墙板的安装，可以分为竖板、横板，也可以分为大板及小板。安装可以采用卷扬机、吊车、塔吊。小板灵活方便，大板速度快，需要一定的拼装场地。

1. 竖装墙板的安装

蒸压轻质加气混凝土墙板通过专门的连接件安装在结构主体上，既保证了节点有足够的强度，也由于其特殊的连接方式使节点能够有较好的随动性，同时若干板之间留20mm的伸缩缝（图23-3）。这些措施使板与结构能协调变形，具有良好的抗震性能，能适应较大的层间位移，且板面没有任何损伤。竖板安装可以用于绝大多数情况，靠结构承重（梁或柱），层高过高的建筑不适用此种安装方法。

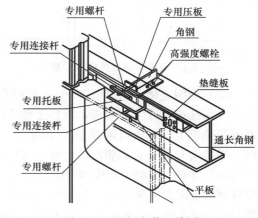

图 23-3 竖板安装三维图

竖装墙板的安装流程为：施工部位确认→主体结构验收→放线→角钢防锈处理→焊接导向角钢和预埋件→安装门窗加固角钢（或安装洞两边板后安装扁钢加固框）→板材钻孔→蒸压轻质加气混凝土墙板就位→起吊安装→板材校正→焊接连接件→焊缝位置防锈处理→板材修补→自检→报验。

为了加快施工速度，尽量减少焊接量，可以采用螺栓连接。首先，钢梁定位打孔，支撑角钢通过螺栓与钢梁连接；其次，安装通长角钢；最后，安装外墙板。蒸压轻质加气混凝土墙板下部连接件既传递竖向荷载又传递水平荷载；上部连接件不传递竖向荷载，只传递水平荷载。板的自重通过下部通长角钢传递到支撑角钢，进而传到结构上。

竖装墙板设计和施工时应注意以下几点：

（1）当墙体距离钢梁较近时，通长角钢直接焊接在钢梁上（图23-4）。此类方法也是受力最直接的，便于安装，可用通长角钢来调整钢结构主体的安装误差。安装时，只要沿通长角钢方向每隔600mm用一段4mm厚、50mm长的角焊缝即可。在钢结构柱子的部位，应切掉部分角钢，直接焊在柱子上，建筑的转角部位也需要特别处理。

（2）当墙体距离钢梁较远，通长角钢不能直接焊在钢梁上时（图23-5），可用加一段支撑角钢挑出，来支撑通长角钢。支撑角钢应根据墙板的距离和荷载选择适当的大小，每600mm布置一个，使通长角钢与钢结构形成一个整体，当钢结构变形时，墙板也可以与钢结构产生随动变形。支撑角钢的布置方法比较灵活，可以放在钢梁上方，也可以放在钢梁下方，还可以焊接在钢梁的腹板上。可以在钢梁上打孔，用螺栓连接在钢梁上，也可以用焊接连接在钢梁上，在钢结构柱子的部位，同样用角钢挑出。

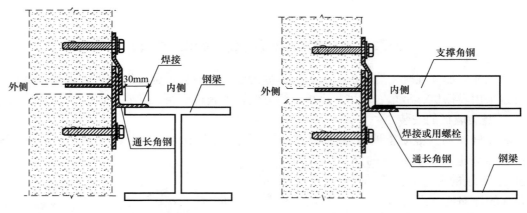

图 23-4　通长角钢直接焊接示意图　　　　图 23-5　支撑角钢连接示意图

（3）中间连接节点（图 23-6）：利用专用螺杆和专用压板把上部板块连接在通长角钢上，专用托板支撑上部墙板，承担上部墙板的重力。利用平板和专用螺杆把下部墙板连接在通长角钢上，平板点焊在通长角钢上，一旦结构主体受地震或其他外力产生过大变形时，平板会和通长角钢脱离，墙板就可以随结构主体产生变形，墙板就不容易发生破坏。

（4）底部与混凝土梁连接（图 23-7）：底部混凝土梁是承重构件，可以利用膨胀螺栓或预埋钢筋来固定底部角钢，每 600mm 一个。通长角钢与底部角钢焊接，用来调节板底标高，使板底标高在同一水平线上，同时用来当作墙板的托板，安装时一步到位，方便施工。

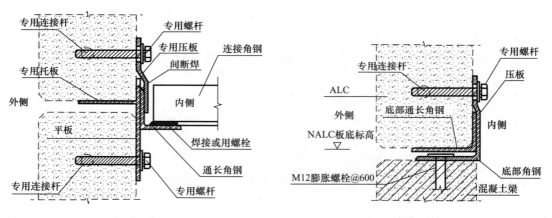

图 23-6　中间连接节点示意图　　　　　　图 23-7　底部连接节点示意图

（5）女儿墙角钢支撑连接：屋面的女儿墙，高出屋面小于 900mm 时，可用蒸压轻质加气混凝土墙板直接悬挑当做女儿墙，不用外加支撑构件，板完全可以承受屋面的风荷载。当女儿墙高出屋面大于 900mm 时，需要在墙后加支撑构件，一般间隔 600mm 一个支撑构件，如图 23-8 所示。通长角钢连接在支撑角钢上方，板材按照普通的压板连接方式扣住通长角钢。同样是悬挑部分，压板距女儿墙顶端距要小于 900mm。屋面除了处理好结构的节点之外，也要配合屋面的防水构造，墙顶需设置防水盖板。

2. 横装墙板的安装

横装墙板是采用专门的连接件将蒸压轻质加气混凝土墙板横放固定在两根竖向支撑构

件上的安装方法，板通过若干块墙板设置的托板把板的自重传递给结构或支撑系统，而板本身的连接件仅限制其侧向变形，不传递竖向力。横板安装适用于层高较大、跨距较规则的情况。如果跨距超过允许板长，可中间加支撑结构。横板安装需要特制的夹具，安装比竖板更为复杂。

（1）横板安装可分为两种方式：

1）结构承重：结构承重主要是将板的荷载传递给柱子。根据板与柱位置关系，确定具体的连接方式（图23-9）。可采用角钢、槽钢等焊接到柱子上，板通过专用的连接件连接到这些型钢上，若干块板设置一块托板，托板主要承担板的自重。结构承重由于板与柱子间距小，必须采用焊接连接，焊接工作量大，施工速度相对比较慢。

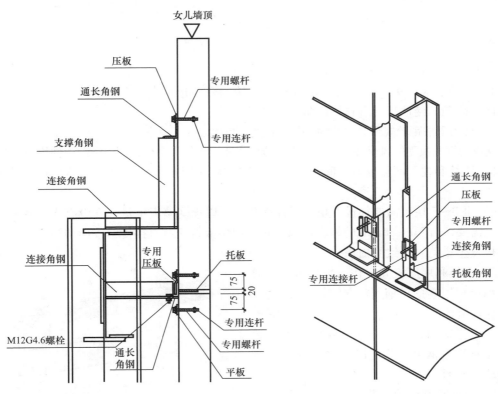

图 23-8　女儿墙角钢支撑连接　　　　　图 23-9　横装节点三维图

2）支撑系统自承重：如果跨距较大，必须增加支撑系统，来承担板材的自重以及抵抗水平荷载（图23-10）。支撑系统根据计算可采用槽钢、H型钢，在梁的位置必须采取侧向支撑，从而减少杆件的计算长度，减少用钢量。支撑系统自承重，其用钢量是结构承重的2～3倍，但是其可采用螺栓连接，施工速度快。

（2）横板施工流程：施工部位确认→主体结构验收→放线→角钢防锈处理→焊接导向角钢和预埋件或安装支撑系统→安装门窗加固角钢（或安装洞两边板后安装扁钢加固框）→板材钻孔→蒸压轻质加气混凝土墙板就位→起吊安装→板材校正→焊接连接件→焊缝位置防锈处理→板材修补→自检→报验。

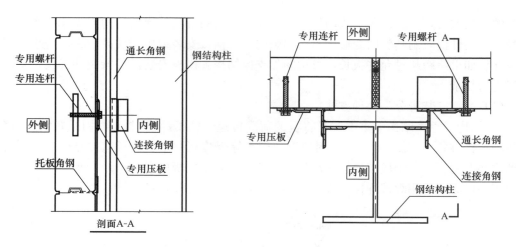

剖面A-A

图 23-10　横装节点示意图

（3）横装墙板设计和施工时应注意以下几点：

1）横装墙板工法一般需要采用有槽口搭接的 TU 形板，TU 形板互相咬合，能形成一个防水隔断，使墙板具有良好的防水性能。

2）适用于柱距较规则的建筑物。最大柱距不能大于板最大长度，否则应在柱子之间增加竖向支撑构件。板受的风荷载通过竖向构件传到主体，板的重力荷载则由竖向构件传到基础。

3）墙板和柱子间需要留有间隙，这个间隙同样是用于调整建筑物主体结构安装误差之用。

4）每 3～5 块板需要加设一块支承托板角钢，以承受墙板重量。在设有支承托板角钢的缝上需要留有 10～20mm 的缝隙，以防止上层墙板将荷载直接传给下面墙板，同时也保证墙板发生错动时不致受损伤。

5）墙板利用压板固定在通长角钢上，通长角钢再利用连接角钢固定在钢结构柱子上。为了保证墙体的整体性，每间隔 900mm 需要设置一个连接角钢，这样板材就可以牢牢地固定在通长角钢上，并可以随钢结构主体产生随动式变形。

6）屋面有高出的女儿墙，墙板后面需要另加支撑构件，满足墙板所受的风荷载要求。支撑构件可以配合屋面防水节点，起到一举两得的作用。

3. 预拼装大片组合墙板的安装

预拼装大片组合墙板是采用专门的连接件将蒸压轻质加气混凝土墙板横放固定在两根钢骨架上，然后在地面拼装，几片小板组合成大板后，一次性连接在钢结构主体上的安装方法（图 23-11、图 23-12）。

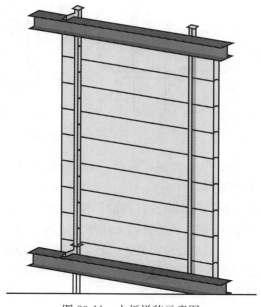

图 23-11　大板拼装示意图

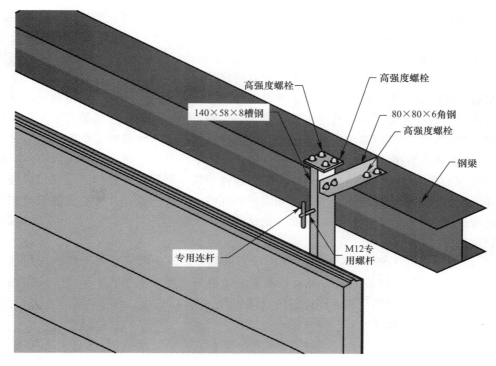

高强度螺栓

高强度螺栓

140×58×8槽钢

80×80×6角钢

高强度螺栓

钢梁

专用连杆

M12专用螺杆

图 23-12   大片组合墙板示意图

（1）设计意图理念与特点：大板安装方法的重点在前期的拼装工作。小板固定在骨架上后，可配合洞口安装，板材修补，防水与涂料施工，可以在地面完成80％的工作，最后20％的工作只是吊装大板与接缝的防水处理。对于外墙面积大、形体规则、施工场地宽敞的建筑，采用大板安装可以缩短施工时间，减少高空作业工程量，并且能够保证防水与涂料的质量。

（2）大板的连接构件：大板的骨架可以采用槽钢或工字钢，骨架与骨架的连接可采用法兰连接，便于安装和水平方向的调节。在钢梁处应设置连接构件，用来传递水平风荷载，应留竖向椭圆孔，便于垂直方向的调节，连接构件可以采用角钢或槽钢。每隔一定高度应设置一段拉结角钢，防止骨架失稳，在吊装大板时也可以起到加固的作用。大板安装也是属于横板安装，在每3～5块板需要加设一块托板角钢，以承受板材重量，拉结角钢可以同时设计成托板角钢，起到一举两得的作用。

（3）墙板与骨架的连接，可以采用螺栓连接，也可以加设压板焊接在骨架上。采用螺栓连接时，安装前要在骨架上打孔，但必须保证打孔精确度，特别注意在墙板的变形缝位置，孔位应错开20mm。安装时，对齐墙板上的孔、专用连杆的孔和骨架上的孔，然后拧紧螺栓，就可以把墙板固定在骨架上。采用压板连接时，骨架上不必打孔，在调节好墙板位置后，固定好压板焊接即可。两种方法各有优点，设计时应根据现场情况选择合理的方案。

（4）大板的安装：

1）拼装（在地面由5～8块600mm宽的蒸压轻质加气混凝土墙板拼装成一大块）：选一处约100m²见方的平整水泥地，安装3条由H型钢或槽钢制作的长铁板凳，凳高、宽根据现场需要而定，并把凳脚用膨胀螺栓固定在地面上，并保证高低在同一水平。铁板凳横向排放间距为 2000mm，把要制作大板所用连接槽钢或 H 型钢根据图纸要求尺寸平放在铁板凳上，用钢扣件临时固定（图 23-13）。用小叉车或小吊车把蒸压轻质加气混凝土墙板一块块地放在槽钢上，按图纸要求打孔，安装连接螺栓，排放整齐并固定，待整块成形后，解去临时固定钢扣件，用叉车移走。带有窗户的大块整体，按同样方法在平台上固定好槽钢后，同时应在板就位前按设计位置焊上加固用角钢，再安装窗边周围墙板。整块移走大板必须安放在平整处，并及时修补后打上防水密封胶，以防止板缝错位、变形。已打上防水密封胶的墙体可以在 48h 后、一个月以内进行外墙防水涂料施工作业。

2）吊装准备顺序：①底部基础标高±0.000 水平线确认；②底部基础中心线确认；③建筑结构轴线的中心线确认；④底部基础预埋件安装，利用膨胀螺栓固定在已放线在基础墙体上部的墙体中心线内侧；⑤在已加固的预埋件上，按图纸设计尺寸安装与槽钢底座相连的连接螺栓；⑥中部与顶部，在原有钢结构横梁上测量附件固定尺寸，打 2M14 孔安装角钢附件。

3）吊装：①用汽车吊加吊具与大板后部槽钢相连，防止大板整体与槽钢固定点变形（图 23-14）；②起吊已拼装完成的大板，利用吊锤检测大板垂直度和水平度，并与已引出的角钢附件与大板后部槽钢相连接；③垂直度和水平度确认后进行点焊固定；④加焊所有附件配件，确认焊接长度，去掉焊渣涂刷防锈漆，焊接时需交叉焊接以防钢材变形。

图 23-13　钢扣件

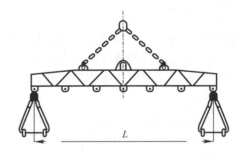

图 23-14　横梁吊具

（5）预拼装大板设计和施工时应注意以下几点：

1）必须有足够的拼装场地，且尽量使拼装标准化，每个拼装平台只拼装一种类型的大板，这样做一方面能加快拼装速度，另一方面也能确保拼装质量。

2）拼装场地尽量靠近安装场地，减少拼装完成后由于二次搬运产生的损坏及整体变形。

3）吊装时要采取辅助措施，确保钢支撑与板不发生相对位移，正确的起吊方式见图 23-15。

4）安装定位要精确，尤其是底部的板块，要及时消化板与板之间的误差，不能都累积到最后一块板。

5）安装过程中由于板与钢支撑可能发生相对位移，极易引起板在连接螺栓位置的破坏，采取正确的吊装方式及准确地拼装都可以避免此类破坏的发生。

图 23-15 大板起吊方式

23.3 预制混凝土外墙板安装

钢结构上安装预制混凝土墙板时，混凝土预制板的自重大，支撑点宜设置在柱子上，如果支撑点放在钢梁上，钢梁的截面要增大很多；如果采取独立的支撑系统，钢材的消耗也非常大。

混凝土外墙板与钢结构柱的连接设计成四点支撑的结构板块，下部两点不仅承担板块的重量和风荷载，还应考虑安装时因上部板块叠加而产生的安装荷载，因此，下部两支撑点应考虑至少能够承担 2 倍的板块重量；上部两点承担风荷载作用，并预留垂直椭圆孔，允许板块产生竖向变位，设置成相对活动的支撑点，可以防止温度应力使墙板发生破坏（图 23-16）。在有抗震设防的建筑，还应考虑地震作用的影响。板块与板块之间至少留 20mm 的伸缩变形缝，当主体发生变形时，板块的变形缝能够起到一定的调节作用，防止主体变形时，板块过早发生挤压破坏。

吊装：预制混凝土板的安装方法与预拼装蒸压轻质加气混凝土墙板大板相似，用汽车吊加吊具与混凝土板吊点相连；起吊混凝土板，利用吊锤检测混凝土板垂直度和水平度并与已引出的角钢附件与混凝土板预埋件连接；垂直度和水平度确认后拧紧螺栓固定；然后进行墙板的修补、打密封胶及油漆工作。

预制混凝土板设计和施工时应注意以下几点：

（1）必须有足够的安装场地，由于墙板较重，如果没有较大的场地停放吊车，将很难安装。

图 23-16　预制混凝土板钢支撑系统

（2）钢支撑安装要求高，安装时不仅要满足本块板的定位要求，还要满足周围其他板块的要求，安装时要考虑主体结构施工完成后的误差，误差要平均分配，不要累积在最后的一两块板上面。

（3）由于吊装时必须使用吊车，因此合理的施工顺序是非常必要的，一方面能加快工期，另一方面也能减少机械费用。

（4）由于混凝土墙板强度高，重量大，安装施工前必须有比较完善的设计，尽量减少施工完成后对板块的拆除或开洞。

23.4　金属面岩棉夹芯板的安装

1. 内墙隔声板相关材料性能

（1）金属面岩棉夹芯板隔声性能：金属面岩棉夹芯板对噪声传递有显著的削减作用，特别适用于有指定航班通过的地方。通过测试，按照 ISO 717/82 和 UNI 8270/7 标准，选用密度为 $100kg/m^3$ 岩棉作芯材的夹芯板，隔声效果可达到 $29\sim30dB$。

（2）石膏板：石膏板是以建筑石膏为主要原料制成的一种材料。它是一种重量轻、强度较高、厚度较薄、加工方便、隔声绝热和防火等性能较好的建筑材料，是当前着重发展的新型轻质墙板之一。

2. STC65 内墙板的安装

STC65 复合墙体由蒸压轻质加气混凝土墙板（砖）＋金属面岩棉夹芯板＋石膏板组成，其中金属面岩棉夹芯板＋石膏板为内墙，蒸压轻质加气混凝土墙板（砖）为外墙。试验证明，由蒸压轻质加气混凝土墙板（砖）、金属面岩棉夹芯板、石膏板组成的复合型墙体体系能达到很好的隔声效果。如图 23-17 所示，150mm 厚蒸压轻质加气混凝土墙板（或 100mm 厚单面抹灰砖墙）＋50mm 厚空气层＋80mm 厚金属面岩棉夹芯板＋12mm 厚石膏板＋50 厚空气层＋80mm 厚金属面岩棉夹芯板＋12mm 厚石膏板，即可有效地达到 STC65 的隔声效果。

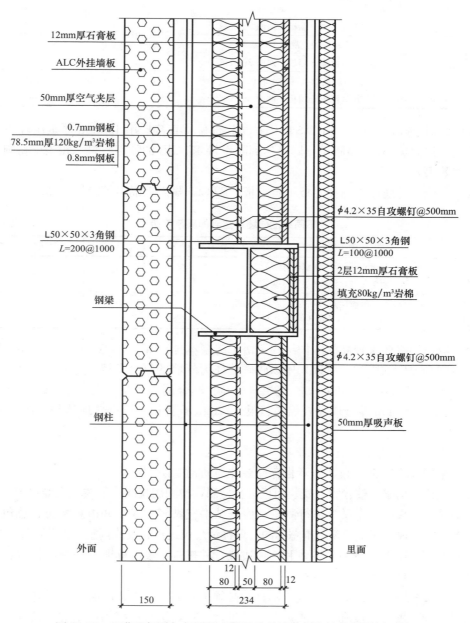

图 23-17 以蒸压轻质加气混凝土墙板为外墙的复合墙体体系剖面图

（1）蒸压轻质加气混凝土墙板内部的微观结构是由很多均匀且互不连通的微小气孔组成，隔声与吸声性能俱佳。100mm 厚蒸压轻质加气混凝土墙板相当于半砖墙，用它可建造出宁静舒适的生活环境。表 23-1 为不同板厚的蒸压轻质加气混凝土墙板的隔声检测值。

不同板厚的蒸压轻质加气混凝土墙板的隔声检测值　　　　　表 23-1

性能指标		单位	检测值
平均隔声量	100mm 厚蒸压轻质加气混凝土墙板	dB	36.7
	100mm 厚蒸压轻质加气混凝土墙板＋两面 1mm 腻子		40.8
	125mm 厚蒸压轻质加气混凝土墙板		41.7
	125mm 厚蒸压轻质加气混凝土墙板＋两面 3mm 腻子		45.1
	150mm 厚蒸压轻质加气混凝土墙板		43.8
	150mm 厚蒸压轻质加气混凝土墙板＋两面 3mm 腻子		45.6
	175mm 厚蒸压轻质加气混凝土墙板		46.7
	175mm 厚蒸压轻质加气混凝土墙板＋两面 3mm 腻子		48.1

因此，对于隔声要求为 STC45 的围护结构部位，直接选用 150mm 厚蒸压轻质加气混凝土墙板（双面抹 3mm 厚腻子）即可达到隔声量 45.6dB 的隔声效果，相当于粉刷的一砖墙的隔声效果。

（2）砖墙＋金属面岩棉夹芯板＋石膏板，STC65 隔声墙隔声等级见表 23-2。

不同厚度砖墙可达到的隔声等级　　　　　表 23-2

性能指标		单位	可达到隔声等级
平均隔声量	100mm 厚砖墙（双面抹灰）	dB	42
	215mm 厚砖墙（双面抹灰）		50
	100mm 厚砖墙（单面抹灰）＋50mm 岩棉（80kg/m³）＋100mm 厚砖墙（单面抹灰）		60

对于隔声等级要求较高的围护结构，由于砖墙本身自重大，施工不方便，而且同样存在着材料吻合效应的影响，所以采用以砖砌墙体为外墙的复合型墙体体系。如图 23-18 所示，100mm 砖墙（单面抹灰）＋空气层＋80mm 厚金属面岩棉夹芯板＋12mm 石膏板＋50mm 空气层＋80mm 厚金属面岩棉夹芯板＋12mm 石膏板，可有效地达到 STC65 的隔声效果。

3. 内墙设计和施工时应注意事项

（1）金属面岩棉夹芯板、石膏板存储要注意防雨、防潮。

（2）主体结构梁、柱验收，安装面板进行检测，检测用拉线、吊线、水准仪、经纬仪等方法，用卷尺、塞尺、靠尺等进行测量。检查结果应做好记录，并由技术员、总包单位签字。检查中如发现有施工误差严重超标的，应提请总包进行整改或调整，以确保安装质量。

（3）对照图纸在现场弹出轴线和一道边线，并按排版设计标明每块板的位置，放线后需经技术员校核认可。

（4）焊接的导向角钢必须顺直，不直的必须事先调直。焊接时必须按设计和标准图规定，确保焊缝厚度、长度和焊缝质量，交叉进行焊接，所有焊缝均应把焊渣清除干净，除接缝钢筋外均应满涂防锈漆。

（5）每装一块板都应用吊线和 2m 靠尺进行检查，合格后才能固定；每装好一条轴线间的一道墙，用拉线检查，发现超过规定误差的应进行调整。调整时应放松螺栓，扶稳，用橡皮锤垫木敲击或用木塞挤动等方法，禁止用撬棍硬撬。

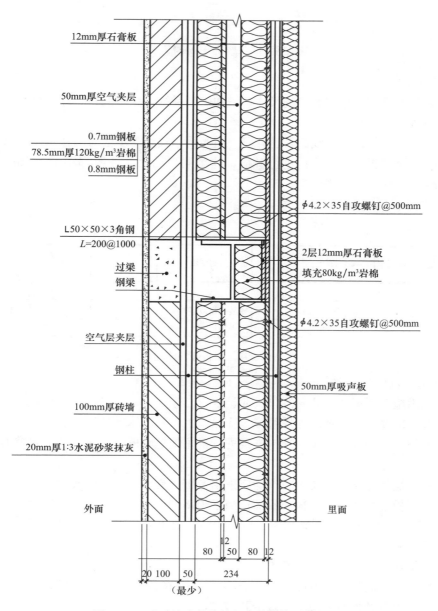

图 23-18　以砖墙为外墙的组合墙体体系剖面图

（6）按设计处理好板缝。板缝顺直，门窗洞口加固角钢应在板就位前按设计位置安装。

（7）金属面岩棉夹芯板与梁、柱以及其他相接处的位置应用岩棉塞密实，钢梁上下翼缘之间也应用岩棉塞密实，同时用石膏板封住，以确保隔声效果。

（8）金属面岩棉夹芯板直接放在地面或结构梁上，通过角钢固定限定其水平位移，固定角钢定位必须准确，严格按照图纸施工。

（9）板安装完毕后要做好成品保护工作，严禁其他专业施工破坏，对于安装完的板要及时修补及勾缝。

（10）做好验收工作及资料的整理存档。

23.5 墙板开洞技术

1. 墙板开洞分类

（1）大尺寸开洞。根据洞口的尺寸，增加支撑系统，预留洞口，如门窗洞口、大型设备管道洞口等。

（2）较小尺寸的设备管线、管道开洞。由于洞口较小，不会对墙体本身承载能力降低太多，一般都是整板安装完了再进行开洞，这类洞口的尺寸一般都小于 200mm，如果大于 200mm，需增加支撑系统。

2. 开洞流程

开洞流程如图 23-19 所示。

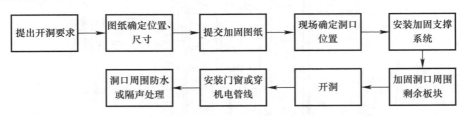

图 23-19 墙板开洞流程

3. 开洞注意事项

（1）熟悉施工图纸，确认各洞口尺寸、位置。

（2）开洞前要先安装加固支撑系统，确保施工以及墙体本身的安全。

（3）开洞后修补要严格按照施工方案进行，尤其是墙板与门窗、管道间隙的防水与隔声处理。

（4）在外墙板上钻孔、切锯时，均应采用专用工具，不得任意砍凿。

（5）在墙板上切槽时不宜横向断槽；当必须横向断槽时，槽深不得超过 20mm，槽宽不得超过 30mm；如特殊情况，槽深、宽不能满足要求时，可适当放宽，但墙板主筋应尽量保留，不切断。

（6）墙板切槽时，严禁斜向断槽。

（7）墙板上开洞尺寸，宽度大于 300mm 时，应视具体情况予以加固。

（8）内墙内侧开槽时，应尽量减少开槽尺寸。

23.6 外墙板饰面防水施工

外墙板饰面的处理方法，一般采取粉刷防水涂料作为最终面漆、覆盖金属装饰板、干挂石材饰面板以及粘贴普通瓷砖等措施。新加坡环球影城采用蒸压轻质加气混凝土墙板相配的防水涂料，绝大部分防水涂料作为最终完成面，部分墙面被外装饰所覆盖。因为对外墙板饰面处理不当将容易造成外墙板饰面开裂、剥落，导致外墙板进一步开裂、剥落、钢筋锈蚀，影响建筑物的耐久性和安全性及其装饰效果。防水涂料能有效地防止靠近海岸附近建筑物被富含盐分的风雨侵蚀风化外墙板。

本工程防水最大的难点是开洞较多，而且洞口尺寸、形状多样，这给墙面防水处理带来很多问题，大量的开洞无疑会增加墙面漏水的几率，因此一方面要求有合理的施工方法，另一方面要求在施工时要严格按照施工方法操作。本工程墙板饰面防水流程如图 23-20 所示。

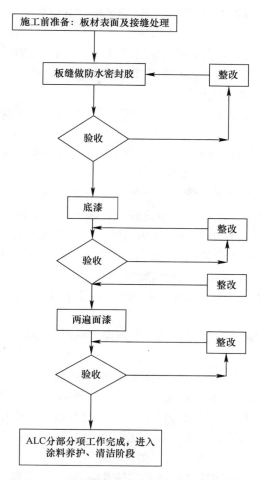

图 23-20　墙板饰面防水涂料质量控制流程图

1. 墙板接缝和整体基面处理

（1）起壳、裂缝、脚手架支撑点及其他破损处应事先修补平整，并按规定养护，使其碱性、含水率、粗糙度与其他部位相同。

（2）清除墙面一切浮灰残浆、垃圾、油污等沾污物。

（3）对于旧基层必须刮除松软鳞片及剥落的漆膜，对长霉菌的部分应用抗菌溶液及清水冲洗。

（4）涂料施工前应对基层的状况，如平整度、强度、裂缝、粗糙度、含水率、碱性等质量指标进行验收，并做好记录，认可后涂料方可施工。

（5）蒸压轻质加气混凝土墙板拼缝处使用的硅胶（聚氨酯树脂）达到养护时间，完全固化干燥后，才能开始涂料施工。

2. 涂料施工

（1）施工准备：

1）材料的准备应根据实际涂装面积和材料的单位消耗量，再计入损耗，正确计算备料。

2）根据设计或业主选定的颜色，以供应商提供的涂料标准色卡编号订货。

3）涂料包装桶上的标签不得损坏，储存和运输应避免日晒雨淋，冬季应避免受冻。

4）涂料的型号和颜色不同，应分别堆放。

5）涂刷前应按要求稀释，充分搅拌后方可使用，并做到随拌随用。

6）脚手架的支撑点和拉结点，在涂刷前妥善移位，修补平整，脚手架与墙保持一定的距离（30cm 左右），以便涂刷操作。

7）大面积施工前应由操作人员按工序要求做好"样板"，并保存至竣工。

（2）施工：

1）外墙涂料施工应由建筑物自上而下，每个立面自左向右进行，涂料分段施工应以墙面分格缝、墙面阴阳角或落水管为分界线。

2）干燥间隔时间：涂完底漆后要干燥 2h 以上才能进入下一道工序。

3）面漆施工：根据要求采用专用滚筒施工，施工时先将墙角、边缘之处用毛刷刷好之后，再做大面墙面。施工时要控制油漆的用量，太多造成浪费，太少达不到防水效果。

4）干燥间隔时间：面漆分两次涂上去，每次涂一半的量，反复滚涂至纹理清晰、光泽均匀、无接头时为止。两次面漆之间应间隔 3h。

5）第二遍面漆涂完之后 30min 触干，24h 后可用水洗，30d 彻底干燥后可耐汽油或香蕉水擦洗。

6）整体施工时间的间隔，需要根据天气和温度情况及涂膜的干燥时间决定。

（3）注意事项：

1）切记不可超量加水。面漆 1 和面漆 3 施工时加 2%～4% 以内的水尚可，但是大量加水会影响涂料内部的分子结构，造成硬化不良，影响涂装功能和耐久性能。

2）不能在下雨时施工，如果天气预报 12h 以内有雨，应停止施工。雨后连续晴天干燥 2d 以上，方可施工。另外，每天最佳施工时间为上午 9：00～下午 17：00，其他时间将会因墙面吸潮而在一定程度上影响施工效果。

3）工具不使用时应及时清洗（用清水多洗几遍），否则滚筒会渐渐硬化，无法使用。

4）误涂在门、窗上的涂料痕迹，要立即用清水或热水擦去，否则干了之后就很难擦掉了。

5）外墙涂饰，同一墙面同一颜色应用相同批号的涂饰材料。当同一颜色批号不同时，应预先混匀，以保证同一墙面不产生色差。

6）采用传统的施工滚筒和毛刷进行涂饰时，每次蘸料后宜在匀料板上来回滚匀或在桶边刮料。涂饰时涂膜不应过厚或过薄，应充分盖底，不透虚影，表面均匀。

7）对于干燥较快的涂饰材料，大面积涂饰时，应由多人配合操作，流水作业，水平同一方向涂饰，应处理好接槎部位。

8）施工结束后应按照涂饰材料的产品特点或双方事先约定，采取必要的成品保护措施。

9）密封胶：蒸压轻质加气混凝土墙板本身有间隙，要达到防水的效果，首先用密封胶封堵板与板、板与结构的缝隙，密封胶可根据现场情况进行选择，但是如果刷油漆的话，必须保证油漆和胶不发生反应。密封胶在施工时必须严格按照施工方法进行，既要保证外观的美观，又要保证其与板良好地粘结，不能有缝隙，尤其在横竖缝交界处，以防其漏水。

23.7　绿色安全施工

1. 外墙施工安全平台

随着时代的变迁，外墙设计不断创新，有传统的砖墙、现浇混凝土墙、预制混凝土墙、轻质混凝土墙以及玻璃幕墙等，不同的设计、安装方案需要采用不同的安全设施。对于传统的砖墙，外墙需要粉刷、油漆，通常搭建外脚手架作为外墙粉刷施工平台，这种平台搭建繁琐，需要专门训练的熟练技术工人，而且使用过程中容易损坏，具有安全隐患，围护十分困难，因此逐渐被淘汰，尤其是高层建筑，目前几乎不再使用，取而代之的是新型爬升式外架。与吊篮类似，爬升式外架具有自锁装置，安全可靠，可以使用电动葫芦来驱动，或使用吊车直接吊装，一般爬升式外架为三层高，顶部可以围护正在进行的结构施工，底部一层或两层可以用于建筑装修施工，更为关键的是爬升工作平台需要锚固在已完成的结构上，所以需要下面两层，不管采用何种驱动方式，爬升式工作平台都需在结构上设置锚固件，并随建筑结构的上升而上升，这种工作平台可以用于一般现浇混凝土结构施工，包括现浇混凝土墙。

对于玻璃幕墙和预制混凝土墙或轻质 ALC 墙板，可以采用特别的设计，把连接构件设计在内侧，在安装过程中，工人始终在墙内，楼面板可作为工作平台。

新加坡环球影城的主要建筑物高度在 25m 左右，不同于一般民用建筑和商业建筑，25m 墙高范围内没有楼板，工人无法以楼面板作为安装平台，无论是采用传统外架还是采用爬升式工作平台都无法适应新加坡环球影城特定的施工条件，没有固定的空地，主结构为钢结构建筑，无法锚固爬升式工作平台，但在外墙施工时必须使用工作平台，保证安装工人的安全。为了解决这一难题，我们采用可靠的升降机械平台把工人送至外墙安装的位置，成功地解决了工作平台问题。

在新加坡环球影城主要建筑外墙施工中，我们尽量减少使用传统外架，而是采用升降机，图 23-21 是使用升降机安装连接件的工程照片，图 23-22 是使用升降机安装 ALC 外墙板的工程照片。

图 23-21　用升降机安装连接件　　　　图 23-22　用升降机安装外墙板

2. 施工风险分析及安全措施

ALC 外墙板是一种较轻的外墙材料，施工安装比预制混凝土板要简单方便，但任何一项工程施工活动都存在一定的风险，表 23-3 是 ALC 轻质墙板施工风险分析及安全措施表，列出了 ALC 轻质外墙板的主要施工活动和使用的机具、可能存在的风险以及安全防范措施，其中在 ALC 轻质外墙板的所有施工活动中，安装工作是最大的风险源，需空中作业、使用吊装设备，需要特别注意安全防护。

ALC 轻质墙板施工风险分析及安全措施表 表 23-3

序 号	施工活动	安全风险	安全措施
1	在钢结构上安装 ALC 板角钢连接件	属于空中作业，需要使用焊接设备和电器；可能发生空中坠落；引起火灾；触电事故	做好施工安全平台；检查确保电线、电器安全；做好个人空中施工安全防护；做好焊接个人防护；做好焊接周围的防火措施
2	ALC 板的现场切割	通常在地面工作，但需要使用电动切割、钻孔机具	注意电器安全，佩戴安全手套，佩戴防护眼镜，不要让切割和电钻伤及操作工人，切割粉末吹到工人眼睛
3	安装 ALC 板	这是外墙施工最主要的工序，属于空中作业，需要使用吊车或电动葫芦	必须做好施工安全平台，吊装操作时要注意吊具的安全、可靠，绑扎好；绑扎工、信号工和安全督工必须严守岗位；安装工人必须佩戴好空中作业安全配件，使用升降机作为安全工作平台，必须有合格的安全督工看管
4	ALC 板接缝处理	属于空中作业	为保证空中施工安全，节省安全成本，最好使用升降机，可以避免使用安全施工平台，升降机必须有合格的安全督工看管
5	ALC 板修补	属于空中作业	为保证空中施工安全，节省安全成本，最好使用升降机，可以避免使用安全施工平台
6	ALC 开洞	属于空中作业，需要使用电动切割机具，洞口加固还会用到角钢焊接机具	必须先加固再切割开洞，为保证开洞的安全，必须制定相应的施工方法；为保证空中施工安全，节省安全成本，最好使用升降机，可以避免使用安全施工平台；要注意防火和电器安全
7	外墙防水	属于空中作业	为保证空中施工安全，节省安全成本，最好使用升降机，可以避免使用安全施工平台
8	外墙油漆	油漆易燃，容易引起上呼吸道感染	注意防火，杜绝施工场地附近出现明火；注意油漆工的个人防护，油漆当使用喷漆施工时，不但要注意油漆工人的个人防护，而且要注意喷漆对周围环境的污染

3. 绿色施工

绿色施工是可持续发展思想在工程施工中的体现，绿色施工的要点是减少、再用、循环。ALC 轻质蒸压加气混凝土是一种较好的绿色建筑材料，实现工厂化生产，在很大程度上减少了施工垃圾，减少了浪费。但无论如何，在 ALC 外墙板的施工中，还是避免不了要切割、开洞，形成一定的边角料，ALC 材料轻、PH 值接近于 7、强度低、易于粉碎，与泥土较容易混合，可以作为上等的回填材料，减轻挡土墙土压力，降低设计成本；还可以铺路，减少雨天泥泞。

如果工程项目中设计了双层板结构，中间为空腔，一般空间较小，不方便制作模板，在施工中，通常采用泡沫板回填，以减轻结构重量，但成本较高，完全可以用 ALC 板废料作为双层板空腔的填充料，不仅可以减轻结构重量，而且可以使废物利用，减少垃圾处理费用，减少废物对环境的污染。

另外在 ALC 板的切割、钻孔时都会引起扬尘和噪声，要特别注意扬尘和噪声的控制。

24　施工质量验收标准

24.1　蒸压轻质加气混凝土墙板生产及质量标准

1. 蒸压轻质加气混凝土墙板生产流程

原料粉磨→配料搅拌→钢筋制作→浇筑成形→发泡预养→切割成材→蒸压养护→加工处理→质量检验→成品库存。

2. 质量标准（表 24-1）

蒸压轻质加气混凝土墙板质量标准　　　　　　　　　　　表 24-1

性能指标		单位	蒸压轻质加气混凝土墙板检测值	检测标准	标准值
干体积密度		kg/m	500±20	GB/T11970—1997	500±50
立方体抗压强度		MPa	≥4.0	GB/T11971—1997	≥2.5
干燥收缩率		mm/m	≤0.3	GB/T11972—1997	≤0.8
导热系数（含水率5%）		W/(m·K)	0.11	GB/T10295—88	0.15
抗冻性	质量损失	%	≤1.5	GB/T11973—1997	≤5.0
	冻后强度	MPa	≥3.8		≥2.0
抗冲击性（30kg砂袋摆锤式冲击背面无裂纹）		次	≥5.0	JC666—1997	3
单点吊挂力		N	1200	JC666—1997	≥800
钢筋与蒸压轻质加气混凝土墙板粘结强度		MPa	平均值3.5 最小值2.8	GB/T15762—1995	平均值≥0.8 最小值≥0.5
蒸压轻质加气混凝土墙板耐火极限		h	100mm厚墙3.23，150mm厚墙>4	GB/T T9978—1999	
50mm厚蒸压轻质加气混凝土墙板保护钢柱耐火极限		h	4	GB/T T9978—1999	4
50mm厚蒸压轻质加气混凝土墙板保护钢梁耐火极限		h	3	GB/T T9978—1999	3
吸水率		%		GB/T11970—1997	—
水软化系数 R/R		%	0.88		—
平均隔声量	100mm厚蒸压轻质加气混凝土墙板	dB	36.7	GBJ75—84 GBJ121—88	—
	100mm厚蒸压轻质加气混凝土墙板＋两面1mm腻子		40.8		
	125mm厚蒸压轻质加气混凝土墙板		41.7		

续表

性能指标		单位	蒸压轻质加气混凝土墙板检测值	检测标准	标准值
平均隔声量	125mm厚蒸压轻质加气混凝土墙板+两面3mm腻子	dB	45.1	GBJ75—84 GBJ121—88	—
	150mm厚蒸压轻质加气混凝土墙板		43.8		—
	150mm厚蒸压轻质加气混凝土墙板+两面3mm腻子		45.6		—
	175mm厚蒸压轻质加气混凝土墙板		46.7		—
	175mm厚蒸压轻质加气混凝土墙板+两面3mm腻子		48.1		—
尺寸误差		mm	长±2，宽0～—2，厚±1	GB/T15762—1995	长±7，宽2～—6厚±4
表面平整度		mm	1	GB/T15762—1995	5
线膨胀系数		/℃	7×10		—
弹性模量		N/mm	1.75×10		—
抗渗透性（6天300mm高水柱下降高度）		mm	88.3 （对比试验标准红砖4天下降283.3mm）	参照JISA5416—1997	≤100

24.2　蒸压轻质加气混凝土墙板安装及质量标准

1. 结构支撑系统安装质量标准

（1）蒸压轻质加气混凝土墙板安装构造按照03SG715-1蒸压轻质加气混凝土板构造详图要求。

（2）钢结构檩条、立柱安装、连接方法、允许偏差应按照设计图纸和钢结构验收规范（GB50205—2011）执行。

（3）钢结构安装质量标准见表24-2所示。

钢结构安装质量标准　　　　　　　　　　　　　　　　　表24-2

项　目	允许偏差（mm）	备　注
未焊满（指不足设计要求）	≤0.2t+0.02t，且≤1	t为连接处较薄的板厚
根部收缩	≤0.2t+0.02t，且≤1	t为连接处较薄的板厚
咬边	≤0.05t，且≤0.05	t为连接处较薄的板厚
弧坑裂纹	不允许	—
电弧擦伤	不允许	—
接头不良	缺口深度≤0.05t，且≤0.05	t为连接处较薄的板厚
表面夹渣	不允许	—
表面气孔	不允许	—
构件长度	±4	钢尺检查

续表

项　目	允许偏差（mm）	备　注
构件两端最外侧安装孔距离	±3	—
构件弯曲矢高	$L/750$，不大于 12	拉线钢尺检查
截面尺寸	+5，−2	用钢尺检查

（4）蒸压轻质加气混凝土墙板安装允许偏差见表 24-3。

蒸压轻质加气混凝土墙板安装允许偏差　　　　表 24-3

项　次	项目名称	允许偏差（mm）	检测方法
1	轴线位置	3	经纬仪、拉线、尺量
2	墙面垂直度	3	2m 拖线板、全高经纬仪、吊线
3	板缝垂直度	3	2m 拖线板、拉线
4	板缝水平度	3	拉线、尺量
5	表面平整度（包括拼缝高差）	3	2m 靠尺、塞尺
6	洞口偏移	±8	尺量
7	强顶标高	±15	尺量

2. 安装质量保证措施

（1）配备足够的施工人员，做好岗前培训，明确分工，明确责任，赏罚分明。

（2）施工前由技术人员做好交底工作，交底内容包括图纸的设计意图、施工的技术要求、质量偏差和标准，每位施工人员做到心里有数，严格按照图纸施工。

（3）设置质量控制机构，设置专职检查人员，上道工序验收合格后才能进行下道工序施工。

（4）质量检查人员做好过程监控，发现问题要反馈技术部门，图纸不明确或特殊部位、施工难点要作出技术方案才能施工。

（5）蒸压轻质加气混凝土墙板施工前要做好图纸的设计排版，同时根据钢结构图纸核对檩条尺寸设置是否合理，保证蒸压轻质加气混凝土墙板上预埋件的埋设位置距板端最小 80mm，最大位置 900mm。在安装钢构檩条时要相符才能进行施工。

（6）蒸压轻质加气混凝土墙板作为一种非承重墙，有着它优越的性能，但是由于材质原因，其表面、边角很容易破损、掉角、被污染等，因此必须做好蒸压轻质加气混凝土墙板的运输、包装、保存，尤其是运输和吊装施工，板下部必须放置木制托盘，必须对叉车的叉杆垫木板或橡胶垫进行缓冲，吊点部位也要做好保护。施工时吊装就位很容易碰到钢檩条及钢梁、钢柱等，因此施工人员要配合好，协调好，做好板的接送和就位。

（7）墙板安装前应根据图纸做好测量放线，确定板的位置、板缝位置、托板位置，实际放线结果要根据图纸尺寸进行核实，发现尺寸有偏差或不符合图纸尺寸应找设计方进行解决。同时要检查上下檩条的位置是否在同一水平面上，保证安装板面的平整度。

（8）在安装蒸压轻质加气混凝土墙板前要检查板的质量，板的连接件及焊条、托板等必须要选用合格产品，所有主材及辅助材料必须有出厂合格证，在使用前检查连接件等是否有破损情况，不合格的材料严禁使用，蒸压轻质加气混凝土墙板破损严重时禁止使用，掉边掉角等情况要在下面修好，强度合格后才允许吊装使用，有露筋的及表面不平的板不得使用。

（9）板安装时要根据尺寸线安装，同时要用线坠检查垂直度，用靠尺检查平整度，合格后才能进行焊接作业。

（10）蒸压轻质加气混凝土墙板是由钢结构主体结构支撑，为了调节主体结构的安装误差，有时在蒸压轻质加气混凝土墙板和主体结构间留出30mm空间，为了保证墙面的平整度，可以通过这30mm来调节。当结构尺寸和做法等原因造成墙板和结构间的空隙过大，连接角钢无法连接在结构上时，可以另加支撑的构件将连接角钢移到安装位置。

（11）墙板安装应采用两端支撑，任何情况下墙板的挑出长度应小于等于6倍板厚。

（12）蒸压轻质加气混凝土墙板是由定位角钢直接支撑，并通过它传递给结构主体，为了确保有效进行连接和传递荷载，必须保证30mm以上的搁置尺寸。

（13）蒸压轻质加气混凝土墙板外墙在温度变化、差异沉降、风载、地震作用等外力作用和结构主体变化的影响下会产生拉伸、错位等位移，为了防止墙板在这些作用下损坏，应沿一定距离设置10～20mm的膨胀缝。

（14）焊点位置及焊缝长度应严格按照设计图纸说明。焊缝及连接件及时刷好防锈镀锌漆。

（15）板安装完毕后要做好成品保护工作，严禁其他专业施工时破坏，对于安装完的板要及时修补及勾缝。

（16）做好验收工作及资料的整理存档。

24.3　预制混凝土板安装及质量标准

1. 结构支撑系统安装质量标准

（1）钢结构檩条、立柱安装、连接方法、允许偏差应该按照设计图纸和钢结构验收规范（GB50205—2011）执行。

（2）钢结构安装质量标准，参见表24-2。

（3）预制混凝土板安装允许偏差，参见表24-3。

2. 安装质量保证措施

（1）配备足够的施工人员，做好岗前培训，明确分工，明确责任，赏罚分明。

（2）施工前由技术人员做好技术交底工作，交底内容包括熟悉图纸的设计意图、施工的技术要求、质量偏差和标准，每位施工人员做到心里有数，严格按照图纸施工。

（3）设置质量控制机构，设置专职检查人员，上道工序验收合格后才能进行下道工序施工。

（4）质量检查人员做好过程监控，发现问题要反馈技术部门，图纸不明确或特殊部位、施工难点要作出技术方案才能施工。

（5）预制混凝土板表面、边角很容易破损、掉角、被污染等，因此必须做好预制混凝土板的运输、包装、保存，尤其是运输和吊装施工，板下部必须放置木制托盘，必须对叉车的叉杆垫木板或橡胶垫进行缓冲，吊点部位也应做好保护。施工时吊装就位很容易碰到钢檩条及钢梁、钢柱等，因此施工人员要配合好，协调好，做好板的接送和就位。

（6）板前安装应根据图纸做好测量放线，确定板的位置，板缝位置、托板位置实际放线结果要根据图纸尺寸进行核实，发现尺寸有偏差或不符合图纸尺寸应找设计方进行解决。同时要检查上下檩条的位置是否在同一水平面上，保证安装板面的平整度。

（7）在安装前要检查板的质量，板的连接件及焊条、托板等必须要选用合格产品，所有主材及辅助材料必须有出厂合格证，在使用前检查连接件等是否有破损情况，不合格的材料严禁使用，板破损严重时禁止使用，掉边掉角等情况要在下面修好，强度合格后才允许吊装使用，有漏钢筋的及表面不平的板不得使用。

（8）板安装时要根据尺寸线安装，同时要用线坠检查垂直度，用靠尺检查平整度，合格后才能进行焊接作业。

（9）板是由钢结构主体结构支撑，为了调节主体结构的安装误差，有时还留出连接件需占用的空间。当结构尺寸和做法等原因造成墙板和结构间的空隙过大，连接角钢无法连接结构时，可以另加支撑的构件将连接角钢移到安装位置。

（10）墙板安装应采用 4 点支撑，任何情况下墙板的挑出长度应小于等于 6 倍板厚。

（11）外墙在温度变化、差异沉降、风、地震作用等外力作用和结构主体变化的影响下会产生拉伸、错位等位移，为了防止墙板在这些作用下损坏，应沿一定距离设置 10～20mm 的膨胀缝。

（12）焊点位置及焊缝长度应严格按照设计图纸说明。焊缝及连接件及时刷好防锈镀锌漆。

（13）板安装完毕后要做好成品保护工作，严禁其他专业施工时破坏，对于安装完的板要及时修补及勾缝。

（14）做好验收工作及资料的整理存档。

24.4　金属面岩棉夹芯板质量标准

1. 产品质量性能

金属面岩棉夹芯板是耐火性能最强的新型防火材料，其岩心是天然岩石，高炉铁矿渣等经高温熔化成丝，再固化成形，具有很好的吸声、隔声性能和很好的防火性，试验证明，它具有 600℃ 的耐火性能，耐火等级达到 A 级。

2. 引用标准

（1）GB/T 191—2008《包装储运图示标准》。

（2）GB/T 5464—2010《建筑材料不燃性试验方法》。

（3）GB/T 9978—2008《建筑构件耐火试验方法》。

（4）GB/T 11835—2007《绝热用岩棉、矿渣棉及其制品》。

（5）GB/T 12754—2006《彩色涂层钢板及钢带》。

3. 物理力学性能

（1）面密度允许值见表 24-4。

面密度允许值　　　　　　　　　　　　　　　　　表 24-4

面材厚度	面密度（kg/m²）					
	厚度 50mm	厚度 80mm	厚度 100mm	厚度 120mm	厚度 150mm	厚度 200mm
0.5mm	13.1	16.5	18.5	20.5	23.5	28.5
0.6mm	15.1	18.1	20.1	22.1	25.1	30.1

（2）粘贴性能：粘贴强度不小于 0.06MPa。

（3）耐火极限，夹芯板厚度≥80mm，耐火极限≥60min；夹芯板厚度＜80mm，耐火极限≥30min。

（4）物理特性见表 24-5。

物理特性指标　　　　　　表 24-5

项　目	单　位	标准值
体积密度	kg/m³	≥100
闭孔率	%	≥92
耐高低温	℃	−185～+120
导热系数	W/(m·K)	≤0.025
抗弯强度	kg/cm²	1.7～2.2
抗拉强度	kg/cm²	≥2～2.8
阻燃性	氧指数	≥26
吸水率	v/v，24h，%	≤3
发泡剂	—	无氟利昂

4. 金属面材质量标准（表 24-6）

金属面材质量标准　　　　　　表 24-6

项　目	单　位	标准值
钢板厚度	mm	0.4～0.8
镀锌质量	g/m²	≥180（双面）
基板处理	—	热镀锌

5. 产品规格尺寸规定（表 24-7）

产品规格尺寸规定　　　　　　表 24-7

项　目	单　位	标准值
厚度	mm	50，80，100，120，150，200
宽度	mm	900，1000
长度	mm	≤12000

6. 外观质量（表 24-8）

外观质量　　　　　　表 24-8

项　目	质量要求
板面	板面平整，无明显凹凸、翘曲、变形。表面清洁，色泽均匀，无胶痕、油污，无明显划痕、磕碰、伤痕等
切口	切口平直，切面整齐，无毛刺，面材与芯材之间连接牢固，芯材密实

7. 尺寸允许施工误差（表 24-9）

尺寸允许施工误差　　　　　　表 24-9

项　目	长度（mm）		宽度（mm）	厚度（mm）	对角线差（mm）	
	≤3000	>3000			≤3000	>3000
允许误差	±3	±5	±2	±2	≤4	≤6

8. 安装质量允许偏差（表 24-10）

安装质量允许偏差　　　　　　　　表 24-10

项　目	单　位	允许偏差	检验方法
表面平整	mm	5	用 2m 直尺和楔形塞尺检查
阴、阳角垂直	mm	4	用托线板和尺检查
立面垂直	mm	5	方尺检查
阴、阳角方正	mm	4	拉线检查，不足拉通线检查
分格条（缝）平直	mm	3	—

24.5　外墙板饰面防水涂层质量控制及标准

蒸压轻质加气混凝土墙板是以生石灰、硅砂、水泥等为原料，以铝粉为发泡剂，经过一系列的工艺流程，最后在高温、高压蒸汽养护下所获得的多孔硅酸盐制品；与普通的砂浆、混凝土一样都属于具有碱性的建材，其表面积大，吸水率高。若蒸压轻质加气混凝土墙板长期暴露在空气中，会因遭受二氧化碳、二氧化硫等侵蚀风化，降低蒸压轻质加气混凝土墙板本身的耐候性，导致使用寿命降低，从而影响其使用功能。所以，要求对蒸压轻质加气混凝土墙板的饰面进行处理，所采用的饰面处理材料应具有耐候性好，耐老化性能高的特点，使其包裹覆盖于蒸压轻质加气混凝土墙板表面，以免受空气中有害物质的损害。

外墙板饰面的处理方法有多种，一般采取粉刷防水涂料作为最终面漆、覆盖金属装饰板、干挂石材饰面板和粘贴普通瓷砖等措施。由于工程地理位置的特殊性和工程进度的要求，新加坡环球影城采用质量有保障的 SKK 防水涂料。选择防水涂料施工工艺，不仅能有效提高工程施工进度，还能充分利用涂料特性，有效地防止靠近海岸附近建筑物被富含盐分的风雨侵蚀风化外墙板。因此对外墙板饰面处理不当将容易造成外墙板饰面开裂、剥落，导致外墙板进一步开裂、剥落、钢筋锈蚀，影响建筑物的耐久性和安全性及其装饰效果。外墙板饰面涂料的装饰效果不仅取决于涂料产品本身性能，重要的是其施工技术和与此相配套的物质和技巧，所以必须从对饰面涂料产品的质量控制及施工工艺的控制两方面着手。

1. 严把蒸压轻质加气混凝土墙板饰面防水涂料产品质量关

首先，充分理解设计施工意图及其相关设计文件，弄清使用功能，优先选用通过质量认证的产品或绿色环保产品；其次，从材料进场开始与水泥、钢筋等建材一样对来料进行抽样检查其品种、颜色是否符合设计施工要求，并要求出示产品性能检测报告和产品合格证书，主要指标是施工性能、干燥时间、耐水性、耐碱性、耐刷洗性等。对来料分类堆放、标志，专人负责，建立材料进场验收制，切实把好饰面涂料产品质量关。

2. 严格执行施工工艺操作程序

墙板饰面防水涂料质量控制流程如图 24-1 所示。

（1）施工前的准备工作。

外墙施工前，应计算所涂刷的面积，确定外墙涂料用量，并在订购时考虑适当的消耗量及修补量，一次性采购，以保证外墙体色泽一致，避免后期修补时出现色差。外墙涂料应按"一底两面"的要求（一道底涂料、两道面涂料）施工，也可根据工程的实际要求，适当增加面涂遍数。

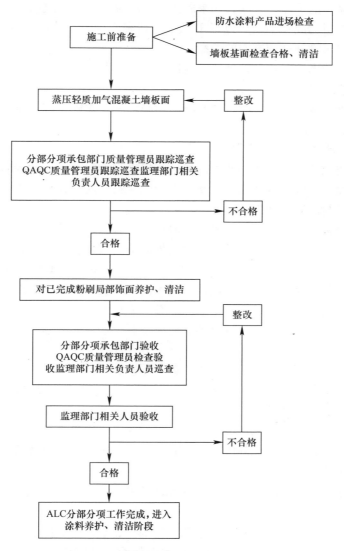

图 24-1　墙板饰面防水涂料质量控制流程图

（2）"工欲善其事，必先利其器"为了保证外墙板涂料的粉刷质量，首先须有专用的粉刷工具，如辊筒、排笔、刮板以及辅助高空作业的专用升降车。合理的组织、分配好施工工人，以组为单位，责任到人，层层把好质量关。对工人进行技术培训指导，技术交底，并根据涂料产品说明书详细讲解涂料的使用注意事项，包括涂料保存方式方法、储藏方式等使用安全注意事项。若使用现场配制涂料，必须特别说明配制所使用的原料的分量、比例。对施工工人进行安全教育专项培训，施工过程中必须戴好防护手套，避免涂料沾污皮肤，利用专用升降车进行高空作业时，必须戴好安全帽，系好安全带等。

3. 正确掌握温度、湿度，选择适当的施工环境

各种涂料均需在一定的温度条件下才能形成连续膜，因此它对施工环境要求较高，适宜的温度有利于涂料的干燥、成膜，如果施工时环境温度过低或过高，均会降低涂料的技术指标，会造成涂料的成膜不良，以至于无法做到表面均匀，从而产生涂膜龟裂、粉化，遇水脱落，影响建筑物外观和饰面的寿命。

（1）新加坡环球影视城项目地处热带地区，气候、温度适宜，常年气温变化不大，一般在 23～31℃之间，有利于涂料成膜。

（2）由于地理环境特殊性，时常遇有阵雨，必须配备防雨设施，避免未干燥完全的涂料遭受雨水冲刷，影响涂料的质量。

4. 严格控制基层的施工质量

由于抗碱封闭底漆具有封闭外墙面的碱性，提高面涂料与墙面的附着力，增强面涂料的遮盖力，防止面涂层发花等作用。因此，在涂刷涂料之前，外墙必须经过合理养护时期再用刷或辊涂进行封闭底漆处理。

（1）抓好外墙板安装施工质量，确保外墙板基材有合理的养护时间。

（2）确保外墙板面平整度、清洁度，严禁外墙板面破损、开裂。

（3）控制基层含水率不得大于 8％，涂刷水性涂料时基层含水率不得大于 10％。

（4）保证涂料与基层的粘结力，以及基层不出现起皮、空鼓、开裂等现象。

（5）保证修补部位基层的坚实、牢固与平整，避免影响涂料粉刷质量。

（6）确保基层饰面无污染，清洁过的部位应待其干透才能粉刷涂料。

5. 注意事项

（1）认真检查，确保阴阳角粉刷到位，避免漏刷、少刷。

（2）规范施工工艺，严格控制涂料涂量，涂层不得过薄或者过厚，过薄易造成透底，过厚易产生脱落、流挂，影响饰面感观效果。

（3）严格控制每道涂料粉刷间隔时间，粉刷下一道饰面涂料时，必须在上一道涂料干燥的表面上进行，每道涂料施工间隔 4h 左右，夏季在 2h 以上，具体可参照各种涂料的产品说明书执行。

（4）控制涂料的接槎位置，必须留在分格缝和阴阳角处，不能任意留槎以至影响美观。

（5）注意成品的保护，防止二次污染和人为的碰、划、刮、擦。

（6）控制适宜的稠度，稠度大，超量加水会使涂层成膜困难，降低涂层光泽、遮盖力及耐久性。因此，必须在涂料使用前充分搅拌均匀，并按使用说明书要求组织施工，切忌随意加水或加色，并在规定时间内用完，否则会降低其技术指标，影响其施涂质量。

6. 验收标准

涂料工程应待涂层完全干燥且养护期满后方可进行验收，验收时，应检查所用材料的品种、型号、材料合格证、基层验收资料。颜色应符合设计或用户选定的要求，同一墙面色泽均匀，不得漏涂，不得沾污。在同一墙面的涂料接槎处，不宜出现明显接痕。具体的验收标准见表 24-11。

外墙涂料涂饰质量和检验方法　　　　　　表 24-11

项　次	项　目	普通涂饰	中级涂饰	高级涂饰	检验方法
1	颜色、刷纹	颜色一致	颜色一致	颜色一致，无刷纹	观察
2	泛碱、咬色	不允许	不允许	不允许	
3	流坠、疙瘩	允许少量	允许少量轻微	不允许	
4	砂眼、针孔	允许少量	允许少量轻微	不允许	
5	漏刷、透底	不允许	不允许	不允许	
6	光泽	—	较一致	均匀一致	
7	开裂	不允许	不允许	不允许	
8	返锈、掉粉、起皮	不允许	不允许	不允许	
9	装饰线、分色线直线度允许偏差（mm）	偏差不大于 5mm	偏差不大于 3mm	偏差不大于 1mm	拉 5m 线，不足 5m 拉通线，用钢直尺检查
10	与其他装修材料衔接处	界面应清晰洁净	界面应清晰洁净	界面应清晰洁净	观察

注：此标准参考《建筑装饰装修工程质量验收规范》GB50210—2001。

（1）主控项目

1）查看涂料工程的施工图、设计说明及工地其他设计文件。

2）涂料涂饰工程所用涂料的品种、型号和性能应符合设计要求。

检验方法：检查产品合格证书、性能检测报告和进场验收记录。

3）涂料涂饰工程应涂饰均匀、粘结牢固，不得漏涂、透底、起皮和掉粉。

检验方法：观察；手摸检查。

4）查看施工记录。

（2）验收、检查数量规定

1）室外涂饰工程每一栋楼的同类涂料涂饰的墙面每 500～1000m² 应划分为一个检验批，不足 500m² 也应划分为一个检验批。

2）室外涂饰工程每 100m² 应至少检查一处，每处不得小于 10m²。

24.6　外墙板开洞质量控制标准

外墙板开洞大体可以分为两种情况，一种是大尺寸开洞，必须先切割完外墙板再进行安装，如门窗洞口、大型设备管道洞口；一种是设备管线、管道开洞，属于后开洞，一般都是整板安装完了再进行开洞。

1. 严格规范基本工作

1）熟悉施工图纸，确认各洞口尺寸、定位；详细了解施工方案文件。

2）确认洞口加固钢结构辅件型号、用量，选用质量合格产品。

3）对钢结构辅件进行进场验收，检查材料合格证书、材料性能检测报告，分类储藏并做好进场验收记录。

4）根据洞口修补所使用的材料，PE 棒、发泡剂、勾缝剂、密封胶等产品进行进场验收，检查材料合格证书、材料性能检测报告，并根据产品保存方法分类储藏，做好进场验收记录。

5）培训施工队伍，包括新型工具的使用方法培训，明确分工，责任到人，确保施工质量。

2. 洞口施工质量控制

（1）门窗洞口质量控制

1）以施工设计图纸为依据，现场准确定位门洞，包括尺寸及定位的复核。

2）在门洞准确定位的基础上，准确定位加固钢结构辅件，放样，焊接。在焊接过程中专人检查辅件的垂直度和水平度，避免施工过程中出现较大误差，影响洞口尺寸精度。

3）严格执行蒸压轻质加气混凝土墙板安装质量标准中钢结构安装质量标准，严格控制辅件的焊缝质量及安装标准，使施工误差在允许范围内。

4）规范蒸压轻质加气混凝土墙板切割方法及允许的尺寸偏差，切割面应平整，误差不大于 2mm。

5）洞口周边外墙板材的安装应严格按照蒸压轻质加气混凝土墙板安装质量控制标准执行。

6）切割板材前应把洞口周边相关板块尺寸放样完毕，方可切割，以起到板块间尺寸复核作用。

（2）设备管线洞口质量控制

1）以施工设计图纸为依据，现场准确放洞口样，包括尺寸及定位的复核。

2）必须使用专用的开孔工具设备，施工人员要有专门培训指导。

（3）开洞尺寸允许施工误差见表 24-12。

开洞尺寸允许施工误差　　　　　　　　　　　　　表 24-12

项　目	洞口尺寸（mm）		
	≤500	500～1000	>1000
允许偏差（mm）	±2	±3	±5

3. 洞口后期修补质量控制标准

1）根据洞口修补施工方案要求，严格规范施工工艺。

2）严格执行施工步骤，内墙面勾缝剂→填充发泡剂（岩棉）→放置 PE 棒→打密封胶。

3）勾缝剂、发泡剂、密封胶等材料在使用前必须查看产品保质期，避免使用过期老化产品。

4）开启的密封胶必须在规定时间内一次性使用完毕，配制的勾缝剂也必须在规定使用时间内用完，以免影响粘结力。

5）洞口周边板块不能有破损、缺角。

6）洞口周边修补的填充材料，充满设备、管道与外墙板材缝隙，发泡剂应填满距板面 20mm 位置，PE 棒应当放置在距板面 15～20mm 位置，密封胶必须打到与板面平。

7）勾缝剂和密封胶的周边与其他装修材料的衔接界面处应清除干净。

24.7　质量控制验收附表

1. 蒸压轻质加气混凝土墙板结构支撑体系质量验收表（表 24-13）
2. 蒸压轻质加气混凝土墙板产品质量验收表（表 24-14）

3. 金属面岩棉夹芯板质量验收表（表24-15）

4. 蒸压轻质加气混凝土墙板系统安装质量验收表（表24-16）

5. 内墙板（金属面岩棉夹芯板和石膏板）质量验收表（表24-17）

6. 蒸压轻质加气混凝土墙板防水系统（密封胶和油漆）质量验收表（表24-18）

7. 蒸压轻质加气混凝土墙板开洞质量验收表（表24-19）

蒸压轻质加气混凝土墙板结构支撑体系质量验收表　　表 24-13

工程名称		分项工程名称		检验批量	
施工单位				检验地点	
施工执行标准名称及编号				项目经理	
分包单位		分包项目经理		施工班组长	

	质量验收规范的规定		施工单位检查评定记录	监理（建设）单位验收记录
控制项目	1 构件验收	3.2.1		
	2 垂直度和侧弯曲	3.2.1		

施工单位检查评定结果

　　项目专业质量检查员：　　　　　年　月　日

监理（建设）单位验收结论

　　监理工程师
　　（建设单位项目专业技术负责人）　　　　年　月　日

蒸压轻质加气混凝土墙板产品质量验收表　　　　表 24-14

工程名称		分项工程名称		检验批量	
施工单位				检验地点	
施工执行标准 名称及编号				项目 经理	
分包单位		分包项目经理		施工班组长	

	质量验收规范的规定		施工单位检查评定记录	监理（建设）单位验收记录
控制项目	1. 产品质量合格 　证明文件			
	2. 力学性能指标	3.1.2		
	3. 板材密度	3.1.2		
	4. 板材厚度	3.1.2		
	5. 板材长度	3.1.2		

施工单位检查评定结果	
	项目专业质量检查员：　　　　　　　　　　　　年　　月　　日
监理（建设）单位验收结论	
	监理工程师 （建设单位项目专业技术负责人）　　　　　　　年　　月　　日

金属面岩棉夹芯板质量验收表　　　表 24-15

工程名称		分项工程名称		检验批量	
施工单位				检验地点	
施工执行标准 名称及编号				项目 经理	
分包单位		分包项目经理		施工班组长	

	质量验收规范的规定		施工单位检查评定记录	监理（建设）单位验收记录
控制项目	1. 产品质量合格证明文件			
	2. 力学性能指标	3.4.3		
	3. 板材密度	3.4.3		
	4. 板材厚度	3.4.3		
	5. 板材长度	3.4.3		

施工单位检查评定结果	项目专业质量检查员：　　　　　　　　　　年　　月　　日
监理（建设）单位验收结论	监理工程师 （建设单位项目专业技术负责人）　　　　　年　　月　　日

蒸压轻质加气混凝土墙板系统安装质量验收表　　　　　表 24-16

工程名称		分项工程名称		验收部位	
施工单位				项目经理	
施工执行标准 名称及编号					
分包单位		分包项目经理		施工班组长	

		质量验收规范的规定		施工单位检查评定记录	监理（建设）单位验收记录
控制项目	1	轴线位置	3.2.1		
	2	墙面垂直度	3.2.1		
	3	板缝垂直度	3.2.1		
	4	板缝水平度	3.2.1		
	5	平整度（包括拼缝高差）	3.2.1		
	6	洞口偏移	3.5.2		

施工单位 检查评定结果	
	项目专业质量检查员：　　　　　　　　　　　　年　　月　　日

监理（建设）单位 验收结论	
	监理工程师 （建设单位项目专业技术负责人）　　　　　　　年　　月　　日

工程名称			分项工程名称		验收部位	
施工单位					项目经理	
施工执行标准 名称及编号						
分包单位			分包项目经理		施工班组长	

		质量验收规范的规定		施工单位检查评定记录	监理（建设）单位验收记录
控制项目	1	表面平整	3.4.8		
	2	阴、阳角垂直	3.4.8		
	3	立面垂直	3.4.8		
	4	阴、阳角方正	3.4.8		
	5	分格条（缝）平直	3.4.8		
	6				
	7				
	8				
	9				
施工单位 检查评定 结果					
		项目专业质量检查员：		年　月　日	
监理（建设） 单位验收结论					
		监理工程师 （建设单位项目专业技术负责人）		年　月　日	

蒸压轻质加气混凝土墙板防水系统（密封胶和油漆）质量验收表格　　表 24-18

工程名称			分项工程名称			验收部位	
施工单位						项目经理	
施工执行标准名称及编号							
分包单位			分包项目经理			施工班组长	

		质量验收规范的规定		施工单位检查评定记录	监理（建设）单位验收记录
控制项目	1	颜色、刷纹	3.5.6		
	2	泛碱、咬色	3.5.6		
	3	流坠、疙瘩	3.5.6		
	4	砂眼、针孔	3.5.6		
	5	漏刷、透底	3.5.6		
	6	光泽	3.5.6		
	7	开裂	3.5.6		
	8	反锈、掉粉、起皮	3.5.6		
	9	装饰线、分色线直线度允许偏差（mm）	3.5.6		

施工单位检查评定结果	
	项目专业质量检查员：　　　　　　　　　年　月　日

监理（建设）单位验收结论	
	监理工程师 （建设单位项目专业技术负责人）　　　年　月　日

蒸压轻质加气混凝土墙板开洞质量验收表　　表 24-19

工程名称		分项工程名称		验收部位	
施工单位				项目经理	
施工执行标准 名称及编号					
分包单位		分包项目经理		施工班组长	

控制项目		质量验收规范的规定		施工单位检查评定记录	监理（建设）单位验收记录
	1	洞口尺寸	3.6		
	2	洞口位置	3.6		
	3				
	4				
	5				
	6				
	7				
	8				
	9				

施工单位 检查评定 结果	
	项目专业质量检查员：　　　　　　　　　　　年　月　日

监理（建设） 单位验收结论	
	监理工程师 （建设单位项目专业技术负责人）　　　　　　年　月　日

参 考 文 献

［1］陈福林，侯兆新. 新加坡环球影城外墙板的优化技术［J］. 工业建筑. 2011.

［2］刘波，陈福林，马晓明. 轻质加气混凝土墙板在环球影城中的应用［J］. 施工技术，2011（13）.

［3］陈福林，曾照波，谢水兰. 高性能隔声复合墙板的设计与研究［J］. 工业建筑，2011.

［4］侯兆新，陈福林，谢水兰，马晓明，黄国宏. 预拼装轻质加气混凝土大板的设计与施工［J］. 施工技术，2011（344）.

［5］黄国宏，王波. 轻质加气混凝土板洞口设计与加固技术［J］. 施工技术，2011（13）.

［6］谭志勇，陈福林，黄国宏. 通用复合外墙板设计手册的研究［J］. 工业建筑，2011.

［7］侯兆新，马晓明，刘志明，肖阁. 轻质加气混凝土墙板施工及质量控制［J］. 施工技术，2011（344）.

［8］OWENS CORNING，Acoustical Wall Insulation Design Guide Marshall Long，ARCHITECTURAL ACOUSTICS，Elsevier Academic Press，2006.

［9］S. Aroni, G. J. de Groot, M. j. Robinson, G. Svanholm and F. H. Wittman Autoclaved Aerated Concrete properties Testing & design，RILEM Technical Committees 78-MCA and 51-ALC，First EDITION 1993.

［10］H. H. Found and J. Dembowski, Mechnical Properties of Plain AAC Material，AMERICAN CONCRETE INSITUTE，First printing April 2005.

［11］康玉成. 建筑隔声设计：空气声隔声技术［M］. 北京：中国建筑工业出版社，2004.

［12］中国建筑标准设计研究院. 建筑隔声与吸声构造 08J931（GJBT-1041）.

［13］中国建筑标准设计研究院. 蒸压轻质加气混凝土（NALC）板构造详图 03SG715-1. 2003.

［14］江苏省工程建设标准设计站. 蒸压轻质加气混凝土（NALC）砌块建筑构造图集. 苏 JT24-2004.

［15］中国建筑标准设计研究院. 蒸压加气混凝土板 GB 15762—2008. 2008.

［16］浙江省建设厅. 加气混凝土隔墙板建筑构造 2004 浙 J51. 2004.

［17］中国建筑标准设计研究院. 蒸压加气混凝土建筑应用技术规程 JGJ/T 17—2008.

［18］王莉芳. 施工企业项目招投标管理优化研究［J］. 管理工程学报，2002 增刊.

［19］沈良峰，汤桂香，李启明. 施工项目成本管理体系的构建与优化［J］. 施工技术，2005 年 12 月.

［20］Building Code Requirements for Structural Concrete（ACI 318-95）and Commentary（ACI 318 R-95）Reported by ACI Committee 318.

［21］Guide for Precast Cellular Concrete Floor，Roof and Wall Units（ACI 523. 2 R-96），Reported by ACI Committee 523.

［22］Autoclaved Aerated Concrete Properties，Testing and Design RILEM Technical Committees 78-MCA and 51-蒸压加气混凝土.

［23］Properties of Concrete Neville，A. M.（1993），Third Edition，Longman Scientific and Technical，Harlow Essex，England.

［24］Harold Kerzner, A System Approach Planning, Scheduling, And Controlling（7th Edition），北京：电子工业出版社，2002，9.

［25］王运民，李录平，黄志杰. 网络图优化及在电厂设备检修中的应用［J］. 热能动力工程，2003（4）.

后　记

新加坡环球影城项目是一个奇迹诞生的地方，我们用 18 个月完成了美国环球影城、日本环球影城需要 4～5 年才能完成的建设工程，而且新加坡环球影城远比已建的环球影城项目复杂和精致，施工难度更大。

成功实施外墙的优化设计、生产、制造、运输、安装，功不可没。

依托京冶强大的技术实力，我们对现有外墙材料开展了市场调查和技术研究，对普通烧结砖（红砖）、空心砖、蒸压加气混凝土砖、泡沫混凝土砖、防水石膏板以及蒸压加气混凝土板就成本、施工技术、施工速度、生产供应能力、防水技术、隔声能力作了比较分析，初步选择预制混凝土外墙板的替代材料蒸压轻质加气混凝土板材作为首选外墙板材，并使用首创的优化关键技术路线分析法（OPTIMUM KEY ROTE ANALYSIS），系统分析了轻质加气混凝土板材的设计、生产、制造和安装的关键路线和关键节点。

首次创造性地使用施工技术优化关键技术路线分析法（OPTIMUM KEY ROTE A-NALYSIS）对新加坡环球影城外墙有效地开展了优化设计。

轻质环保围护墙体设计与施工研究在新加坡环球影城项目的应用中取得了良好的成果，大大缩短了工期，同时还间接地减少了施工使用场地和交通道路，为在 18 个月内全面完成新加坡环球影城项目作出了可喜的贡献。我们使用首创的优化关键技术路线分析法成功地完成了三次优化：

1）用蒸压轻质加气混凝土板代替预制混凝土板。

2）在地面预拼装蒸压轻质加气混凝土大板。

3）STC 65 隔声墙板系统优化设计：把 12 层厚度达 752mm 的隔声墙体优化成 5 层 434mm 厚的复合墙板，不仅减薄了墙体厚度，增加了室内空间，而且减少了安装工序，加快了施工进度，具有较高的生产力。

（1）创新性

新加坡轻质环保围护墙体系是一种首创的轻质加气混凝土板和金属面岩棉夹芯板的有机复合，不仅降低了成本，而且提高了生产力。本成果取得了五项专利，其中有两项创新专利，一项国际专利，充分说明了其创新性和国际性。

1）首次在新加坡大面积使用蒸压轻质加气混凝土外墙板。

2）首次在环球影城项目中使用蒸压轻质加气混凝土外墙板。

3）首创优化关键技术路线分析法。

4）首创的轻质加气混凝土板和金属岩棉夹芯复合板，充分有机地利用了轻质材料和金属。

5）首次研究设计了蒸压轻质加气混凝土预拼装大板。

6）自制多种蒸压轻质加气混凝土外墙板的运输、吊装工具，自创轻便安装工具。

（2）生产力

与黑暗骑士2预制混凝土板墙板相比，蒸压轻质加气混凝土金属而岩棉复合外墙系统更轻、安装更快，大大缩短了工期。

1）短工期5.8个月。

2）缩短设计时间4.8个月。

3）缩短安装时间1个月。

4）缩短制造时间3.5个月（总计19630m²）。

（3）成本竞争力

本专题研究的目的是缩短工期，但同时取得了惊人的经济效益，大大节省了成本，取得了较好的经济收益。下表是新加坡环球影城外墙的成本分析表。

描　　述	墙体板材 S$/m²	连接附件 S$/m²	安装 S$/m²	吸声 S$/m²	外墙油漆 S$/m²	单价 S$/m²	成本＊S$ （元）
预算	200	70	60	70	—	400	5474000.00
预制混凝土墙	185.0	66.51	52.4	65	—	368.91	5048589.74
蒸压加气混凝土板	35.57	25.32	45.16	65	23	194.05	2438891.29

＊外墙墙面面积为13685m²。

与预制混凝土板相比，蒸压轻质加气混凝土板的总成本可以节省S$3035108.7元，节约可达到55.45%。其材料成本可以节省S$2609698.45元。安装费可节省S$7.0元/m²，每平方米可以节省S$174.86元，达到47.4%。

（4）发展前景

我们对新加坡环球影城项目开展的优化设计取得了预期的效果，检验了优化关键路线和关键节点法，节约了成本，缩短了工期，提高了生产力。

新加坡环球影城轻质环保围护墙体系是一种复合墙体，由轻质的蒸压加气混凝土板和金属面岩棉夹芯板构成，蒸压轻质加气混凝土板可以独立自成外墙体系，具有防水、隔声、隔热的功能，但150mm厚的隔声指标（STC）为42dB，在低频段时，其隔声指标（STC）仅为STC30，在新加坡环球影城项目中，建筑外墙隔声要求非常高，其隔声指标为STC65。要达到STC65标准，通常可采取以下方法：

1）可以用加厚蒸压加气混凝土板来达到隔声的要求，此时墙体会非常厚，也不经济。

2）采用石膏板加岩棉，并在中间加空气隔层，加上墙板共有12层之多，厚度达752mm，不仅安装困难，而且严重影响了室内建筑面积。

3）传统的石膏板岩棉隔声系统，是由松散的建筑材料构成，安装速度慢，工序复杂，其石膏板和岩棉都需设计轻质骨架来支撑石膏板，岩棉还必须用金属丝网固定，现场生产力极低。

本工程采用金属面岩棉夹芯板是一种整体的复合板材，在工厂定型生产，可以根据设计要求在工厂直接切割成所需的大小和形状，金属面岩棉夹芯板的强度较高，可以自支撑，无需设计骨架来支撑金属面岩棉夹芯板，而仅采用角钢固定，现场施工非常方便。

同时，设计更为简洁快速，可以先做排版设计，再进行细部设计，提前开始生产，生产快速，一周内就可以完成 19630m² 蒸压轻质加气混凝土板的生产任务。安装更为快速简单，几乎不占用场地，无需大型机械设备，也节省了安装成本。

由于本专题是一个施工期的外墙优化设计、施工专题，所以不能完全按照新的轻质外墙体系来设计钢结构，原有钢结构设计是基于预制混凝土的，不能与蒸压轻质加气混凝土金属面岩棉夹芯板体系同时设计，也没有时间来调整钢结构设计，所以在新墙体设计中，只能使用新的钢结构框架作为次支撑框架，支撑蒸压轻质加气混凝土板，而隔声墙体则不受影响，这无疑增加了设计和施工成本，在今后新的应用中此情况完全可以避免，因此能进一步降低成本，提高工效。

新加坡轻质环保围护墙体系设计与施工研究不仅在新加坡环球影城项目中取得了可喜的成果，而且获得了新加坡建设局（BCA）的青睐，被推荐为新加坡建设局 2011 年度提高生产率最佳实践和创新大奖，并将获得新加坡 BCA 的大力推荐，在新加坡推广使用。此成果也完全可以在国内推广使用，提高生产力。

我们在新加坡环球影城项目中所采用的施工期优化关键路线和关键节点法，也将为以后的施工优化提供有益的工具，具有极大的推广价值。